なるほど分析化学
―数字となかよくする本

東京薬科大学名誉教授 　　　東京薬科大学名誉教授
楠　文　代　　　　渋澤庸一
編　集

東京　廣川書店　発行

---執筆者一覧（五十音順）---

足 立　　　茂	明治薬科大学名誉教授
荒 井　健 介	日本薬科大学教授
海老原　卓 志	国立病院機構東京医療センター薬剤部
楠　　　文 代	東京薬科大学名誉教授
芝 崎　誠 司	兵庫医療大学共通教育センター准教授
渋 澤　庸 一	東京薬科大学名誉教授
宮 代　博 継	横浜薬科大学教授
柳 田　顕 郎	東京薬科大学薬学部教授

なるほど分析化学 —数字となかよくする本

編　者	楠　　　文 代 （くす　ふみ　よ）	平成24年3月25日　初版発行Ⓒ
	渋 澤　庸 一 （しぶ　さわ　よう　いち）	平成24年9月1日　2刷発行
		平成26年2月1日　3刷発行
		令和2年2月1日　4刷発行

発行所　株式会社　廣川書店

〒113-0033　東京都文京区本郷3丁目27番14号
電話 03(3815)3651　FAX 03(3815)3650

まえがき

　薬剤師，薬学研究者などの卵である学生諸君に学んで欲しい内容を盛り込んだ薬学モデル・コアカリキュラムを取り入れた6年制薬学教育が始まって6年が経った．

　最初の卒業生が社会に巣立ったこの時期に，1クールの教育に携わってきた薬科大学の分析化学担当の教員が教育成果を見直したとき，2つの反省点がある．一つは，学生諸君が分析化学の体系を考えておらず知識の細切れの理解となっている傾向，他の一つは，化学の基礎力と計算力不足である．これらは，薬学生必修の，薬の供給，体の中での生体成分や薬の量の測定，代謝や薬の副作用の予測などの学習効果を左右する．それらの反省から，分析化学で用いる基本的な計算の仕組みを理解して，計算力向上を図ることを目的として，本書を企画した．

　本書は，薬学モデル・コアカリキュラムのF　薬学準備教育ガイドラインに示された，「物質の基本概念」と「化学反応を定量的に探る」の学習レベルにターゲットを当てて，分析化学の計算問題を中心にまとめたものである．構成は，次の各章からなっている．

　はじめに，1．単位を理解する，2．溶液の濃度を理解する，3．溶液の希釈と混合について学ぶ，4．溶液の調製を学ぶ，5．指数，対数の計算をする，6．化学平衡，7．水素イオン濃度について，8．強酸と強塩基のpH，9．弱酸と弱塩基のpH，10．塩のpH，11．緩衝液，12．酸塩基滴定曲線を理解する，13．容量分析法の計算をマスターする．

　『はじめに』は，沢山の問題に挑戦するが計算が苦手だった学生さんが"目からうろこ"と感じてくれた経験からまとめた．「計算から得られた数値で何を語ろうとしているのか分からないままで，やみくもに数字を弄ぶのはやめましょう．」「計算の前に，その目的を正しく把握していますか？」「化学の世界の言葉と約束事を正しく使えますか？」「数字の表すものは何でしょうか？」「化学反応式は何を表しているか理解していますか？」

　これらは，学生さんに問いかけた言葉で，"つまずく石"になっていたものの例である．"つまずく石"を取り除いたとき，"目からうろこ"と感じるはずです．そして，計算の仕組みを一歩一歩理解して下さい．読むにとどまらず，必ず数値を求める計算に挑戦していただきたい．解き方の道筋は一つとは限らないので，解き方はあくまでも一つの例と考えて学んで下さい．

　最近の分析化学では主に機器分析が活用されている．しかし，本書では，分析化学の計算問題と言いながら，機器分析には全く触れなかった．薬学の分析化学では，「化学反応を定量的に表す」ことが非常に重要である．そのための化学現象の定量的理解の計算として，化学平衡と滴定に関する計算が達成できれば機器分析における計算にも対応できると考える．

　また，臨床で，化学の世界と異なる用語の使い方もあるので，そのことには少し触れている．分析化学だけでなく薬学のあらゆる領域での学習がスムーズに進み，計算の裏にあるものがわかってくると，数値の示す情報の多さや予測の世界の拡がりに驚き，計算が面白くなると期待される．分析化学の基礎演習に本書を利用していただければ幸いである．

本書を発刊するにあたり，御高配を賜った廣川書店会長廣川節男氏，常務廣川典子氏，さらに多大なご尽力を賜った編集部の野呂嘉昭氏，荻原弘子氏に深謝申し上げる．

2012年3月

著者一同

目次

はじめに …… *1*
   1　数と計算に向き合いましょう　*1*
   2　数字の表すものは何でしょうか　*2*
   3　化学用語を正しく使いましょう　*4*
   4　化学反応式は何を表しているでしょう　*7*
   5　『もる』に注意　*8*

第1章　単位を理解する …… *11*
   1　SI単位とSI接頭語　*11*
   2　日本薬局方の単位　*13*
   3　単位の変換　*16*

第2章　溶液の濃度を理解する …… *21*
   1　単位の定義を確認しよう　*22*
   2　密度と比重　*23*
   3　モル濃度の溶液　*24*
   4　百分率濃度（質量百分率濃度，質量対容量百分率濃度）の溶液　*27*
   5　ppm，ppb，pptの溶液　*32*
   6　溶液濃度の単位の変換　*33*
   7　臨床で用いられるw/v%，単位，力価，Eqについて　*36*

第3章　溶液の希釈と混合について学ぶ …… *41*
   1　溶液の希釈　*41*
   2　溶液の混合　*46*
   3　臨床で利用される希釈と混合　*47*

第4章　溶液の調製を学ぶ …… *51*

第5章　指数，対数の計算をする …… *55*
   1　指数法則を復習し，計算してみよう　*55*
   2　指数と対数の関係を復習し，対数を計算してみよう　*58*
   3　常用対数の計算をしてpHを求めてみよう　*59*
   4　自然対数とはどんな対数　*61*

第6章　化学平衡 …… 63
1. 化学平衡の基礎　*63*
2. 酸塩基平衡　*67*
3. 錯体平衡　*69*
4. 沈殿平衡　*74*
5. 酸化還元平衡　*79*

第7章　水素イオン濃度について …… 85
1. 水素イオン濃度とは　*85*
2. 水の電離について　*86*
3. 酸・塩基の強弱　*89*

第8章　強酸と強塩基のpH …… 93
1. 強酸のpHを求めよう　*93*
2. 強塩基のpHを求めよう　*95*

第9章　弱酸と弱塩基のpH …… 97
1. 弱酸のpHを求めよう　*97*
2. 弱塩基のpHを求めよう　*98*

第10章　塩のpH …… 101
1. 弱酸-強塩基の塩のpHを求めよう　*101*
2. 強酸-弱塩基の塩のpHを求めよう　*103*
3. 両性物質のpHを求めよう　*105*

第11章　緩衝液 …… 107
1. 酢酸-酢酸ナトリウム緩衝液　*108*
2. アンモニア-塩化アンモニウム緩衝液　*112*
3. 生化学分野での緩衝液　*115*
4. 私たちの体の中の緩衝液　*116*

第12章　酸塩基滴定曲線を理解する …… 119
1. 強酸を強塩基で滴定　*119*
2. 弱酸を強塩基で滴定　*125*
3. 弱塩基を強酸で滴定　*131*

第13章　容量分析法の計算をマスターする ……………………………… *137*
　　1　容量分析法のしくみを理解する　*137*
　　2　当量点で成立する式を作ろう　*139*
　　3　標定を理解する　*142*
　　4　標定における容量分析用標準液のファクターを計算する　*144*
　　5　日本薬局方における容量分析用標準液の標定の記載について（補足）　*149*
　　6　定量目的成分の含量を計算する　*151*

索　引 ……………………………………………………………………… *157*

はじめに

　分析化学のつとめは，見えない化学物質や化学反応（薬の作用や生体での反応も含む）を分析試薬や分析機器を使って見えるようにして，その結果を情報として，他の人に伝えてわかってもらうことです．そのためには，測定結果を言葉や数字で表します．薬学では，薬の量や数を正しく扱わねばなりません．さらに分析化学の『見えるようにする』『情報化する』『伝える』ために数と計算を正しく使う必要があります．

　『計算ミスは，命取りになる』ことを，薬剤師の卵は肝に銘じておきましょう．数や計算の中身について1歩1歩理解を深めていけば，数と計算の魅力に触れられて面白くなり理解が進むと思います．薬学生の分析化学の導入部分として，本書を数と計算の習熟に役立ててください．

1 数と計算に向き合いましょう

　計算が苦手という学生さんには，次の5つの点のどこかをいい加減にしている点が共通しています．計算にあたって，次の5点に気を付けましょう．そして，手と頭を実際に動かして計算してみましょう．

1) 計算に先だって，数値によって何を明らかにしたいのかを，正しく把握．そのために，簡単なイメージ図や数値を使って考えを整理するとよい．
2) 化学用語や単位の定義を，正しく理解．
3) 単位の表し方をそろえて計算．
4) 単位もつけて計算．
5) 計算結果の概数や大小関係など，あらかじめ予想し，計算値がそれと大きく矛盾しないことを確認．

2 数字の表すものは何でしょうか

もしも，世の中で数字を使ってはいけないことになったら，どうなるでしょう？ 日常生活がとても不便になりますね．数字は一体何を表しているのでしょうか？ 図1に例を示すように，意味としては重いと軽い，高いと低い，多いと少ない，濃いと薄い，速いと遅い，時刻，位置な

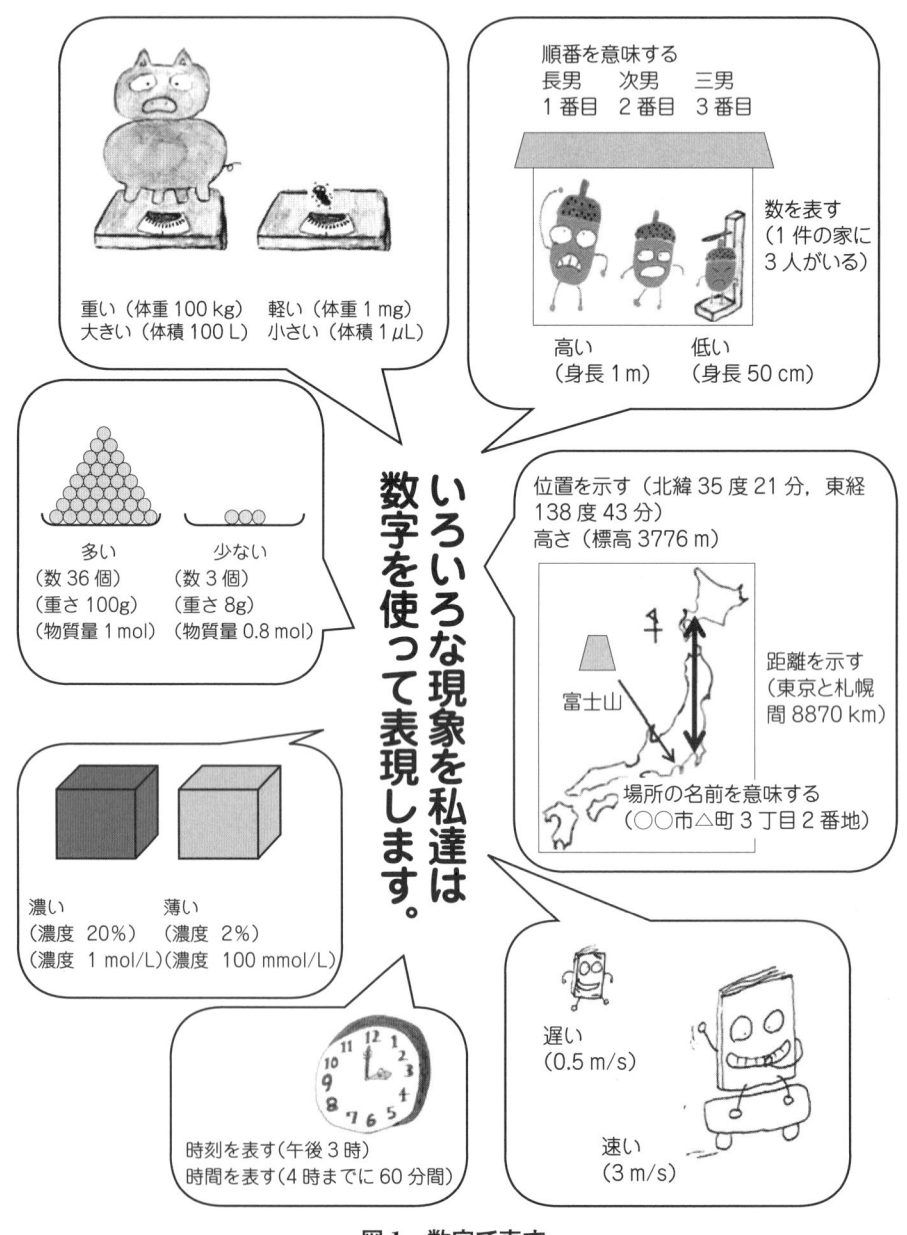

いろいろな現象を私達は数字を使って表現します．

重い（体重 100 kg） 軽い（体重 1 mg）
大きい（体積 100 L） 小さい（体積 1 μL）

順番を意味する
長男　次男　三男
1番目　2番目　3番目

数を表す
（1件の家に
3人がいる）

高い　　　　低い
（身長 1 m）（身長 50 cm）

多い　　　少ない
（数 36 個）（数 3 個）
（重さ 100 g）（重さ 8 g）
（物質量 1 mol）（物質量 0.8 mol）

位置を示す（北緯 35 度 21 分，東経 138 度 43 分）
高さ（標高 3776 m）

距離を示す
（東京と札幌間 8870 km）

場所の名前を意味する
（○○市△町3丁目2番地）

濃い　　　薄い
（濃度 20%）（濃度 2%）
（濃度 1 mol/L）（濃度 100 mmol/L）

時刻を表す（午後3時）
時間を表す（4時までに60分間）

遅い
（0.5 m/s）

速い
（3 m/s）

図1　数字で表す

どがありますね．しかもその大きさや強さの程度は，言葉だけで伝えると，伝える側と受ける側のイメージで変わりそうですね．言いかえれば，『大きい』『小さい』，これらの言葉では話し手と聞き手の感じ方や捉え方が違うので，サイズが同じとは限りません．双方が同一のサイズを認識するには，現物や数字を使って表します．

いろいろな現象が数字で表されることを図1に示しましたが，では，どんな時にどんな目的でこの数字を計算に使うのでしょうか．いろいろな目的があると思いますが，例えば，この2匹を運ぶのに車の積載量が大丈夫か知りたい，家から駅までスケートボードを滑らせていったら何分で着くか予想したいなど，実際に車に乗せたりスケートボードで走ったりしない前に計算を使う

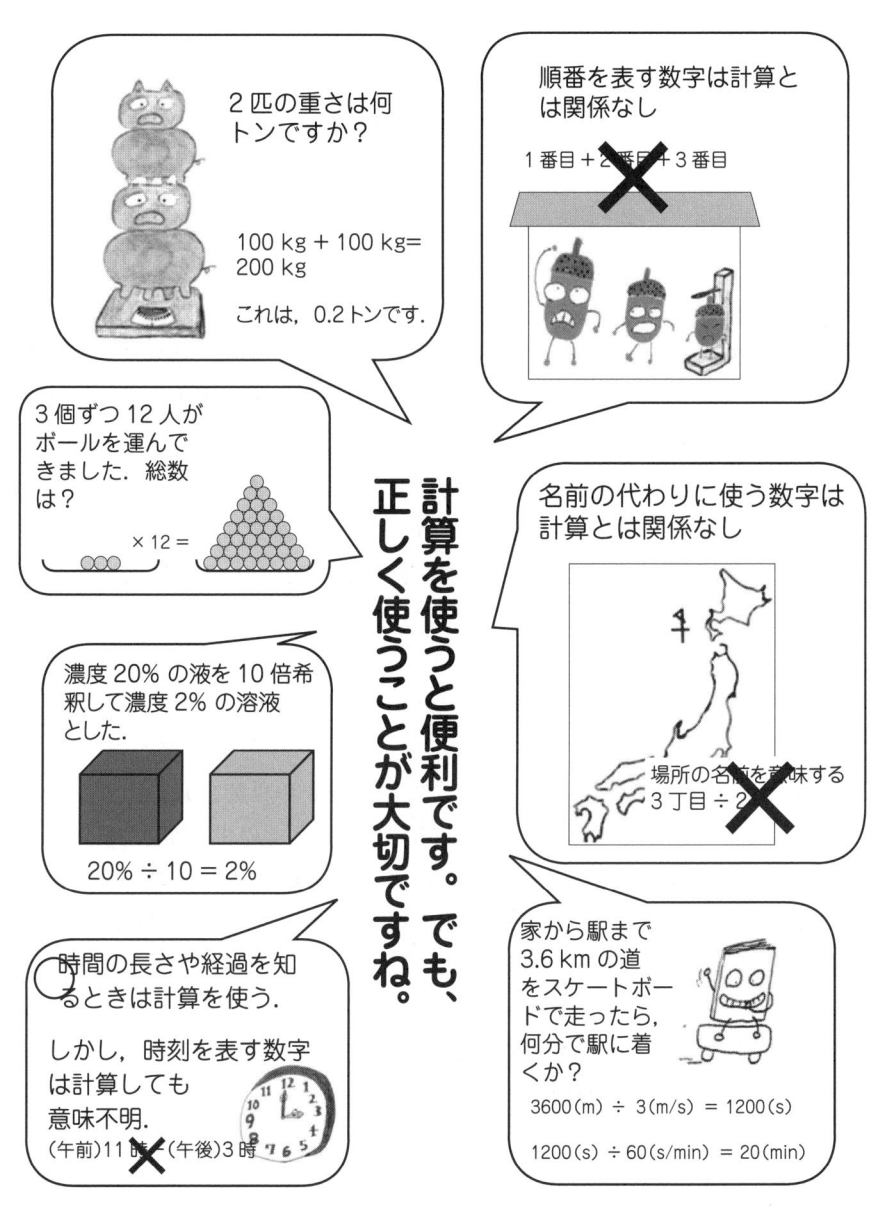

図2　数字と計算

と結果を予測できることは，素晴らしいですね．でも数字は何でも計算というわけにはいきません．長さですか，重さですか，個数ですか，体積ですか，時間ですか？ 名前代わりの番号や，位置を表す数値に，計算はふさわしくありませんね（図2）．数字の意味を正しく理解して，計算を始めましょう．

❸ 化学用語を正しく使いましょう

1) 元素と原子

　物質をつくっている基本成分を元素といい，約100種を超える天然および人工の元素が知られています．元素を，それぞれが持つ物理的または化学的性質が似かよったもの同士が並ぶように決められた規則（周期律）に従って配列した表を周期表といいます．周期表（図3）に，元素は元素番号（ここでは表の各元素記号の上に示した）の順に並んでいます．H以外の1族元素をアルカリ金属，17族元素をハロゲンと称して性質がよく似ている同族の元素群を示しています．

　私達の体や薬には膨大な数の有機化合物がありますが，炭素，水素，酸素はその重要な構成元素ですね．物質を構成する基本粒子を原子といいますが，原子は原子核と電子からできています．図3の上部には，それらの原子の電子配置のモデルを示しています．

　原子核は陽子と中性子からなっています．陽子と中性子の数の和を質量数といい，元素記号の左上に添えて書きます．例えば，^{1}H は質量数1の水素で軽水素（プロチウム），^{2}H は重水素（ジュウテリウム），^{3}H は三重水素（トリチウム）を表します．このような同じ元素で質量数が異なる原子を同位体と呼びます．

2) 原子量

　原子1個の重さはとても小さいので，『相対質量：^{12}C 原子の質量を12』と決めています．これを基準として，地球起源で天然に存在する同位体の存在比とその相対質量から，各元素の原子の平均相対質量が計算できますね．例えば，水素の原子量1.00794は，地球起源で天然に存在する水素の同位体の存在比（^{1}H は約99.985％，^{2}H は約0.015％）を考慮して算出されています．原子量は相対的な値なので，単位はありません．しかし，重さを計算するとき g などの単位が要りますね．そこで，モル質量（物質1 mol の質量）と呼んで，原子量に（g/mol）の単位を付けて使います．なお，1 mol とはアボガドロ数（6.02×10^{23}）の物質粒子（原子，分子，電子，イオン，ラジカル）を含む物質の集団です．

用語や単位の定義を，正しく理解しましょう．

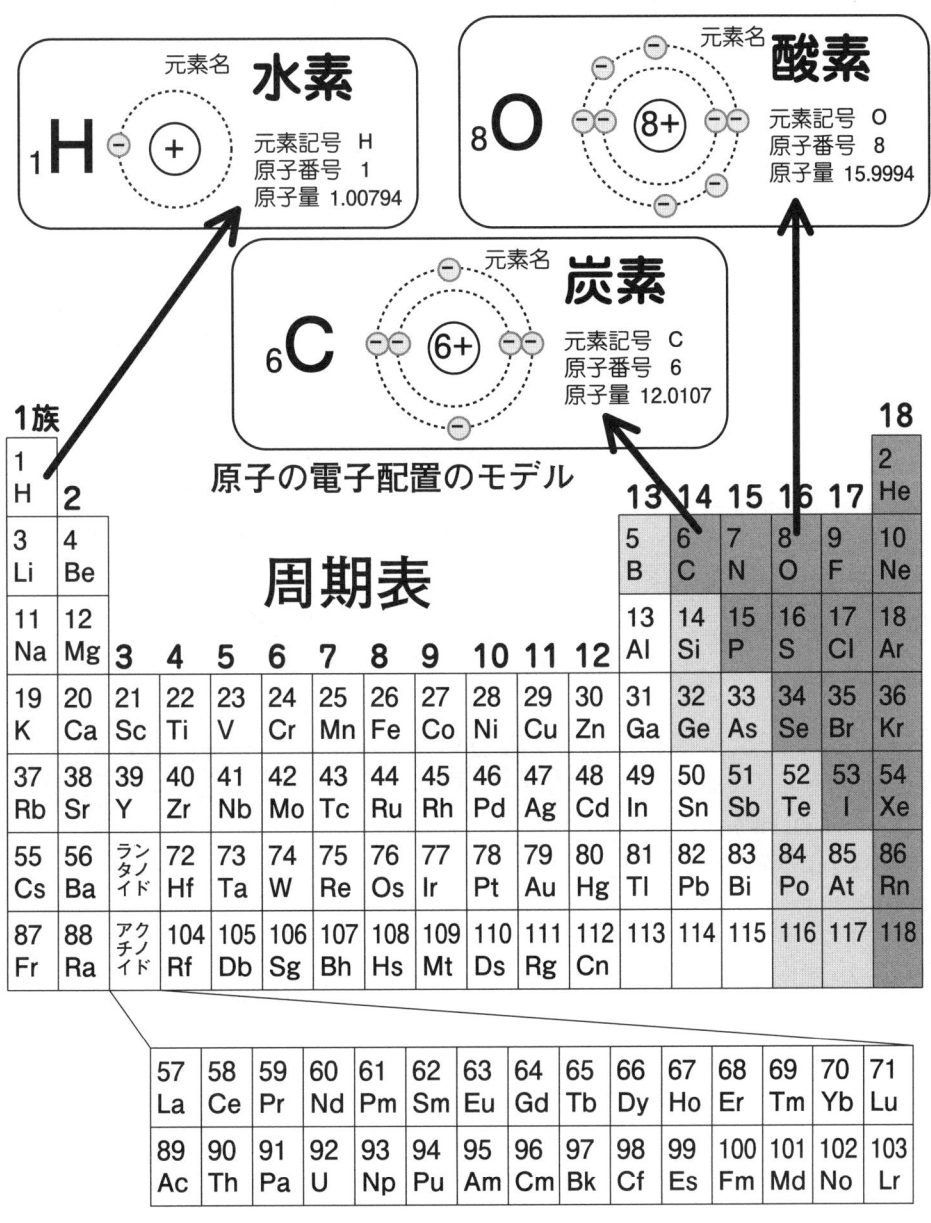

図3 周期表と元素と原子

3) 分子量

分子量は，分子を構成する原子の原子量の総和で，分子の相対質量です．計算では，モル質量として，分子量に（g/mol）の単位を付けて使います．図4には，グルコース分子について分子量の算出を示しました．

グルコース（ブドウ糖とも呼ばれる）は，私達の体の中のエネルギー源として知られています．その1個の分子は，6個の炭素，12個の水素，6個の酸素で作られている有機化合物で，$C_6H_{12}O_6$ の化学式や構造式（図4a）で表されます．このグルコース分子がアボガドロ数（6.02×10^{23}）の個数だけ集まると1 molの物質量になり，180.16 gの重さを示します．グルコースの分子量は180.16です．日本薬局方医薬品のブドウ糖は白色の結晶性の粉末（図4b）であって，糖質補給薬，機能検査薬，矯味剤，等張化剤，賦形剤などに使われます．点滴に使う日本薬局方ブドウ糖注射液は処方せん医薬品として日本薬局方にも収載されていて，医療の現場では「日本薬

グルコース分子の直径は1円玉の30000000分の1程度であり，1つの分子の重さは 3×10^{-22} g ほどである．
↓
測り取れる重さや溶液にすると便利ですね．

グルコースの分子式は $C_6H_{12}O_6$ である．

グルコースの分子量は，180.16である．これは
$12.0107 \times 6 +$
$1.00794 \times 12 +$
15.9994×6 の計算から求められ，日本薬局方通則に従い，小数第2位までとし，第3位を四捨五入している．

a. グルコース（ブドウ糖）

b. ブドウ糖

d. 空腹時の血液中のグルコース濃度は，88 mg/dL

日本薬局方ブドウ糖注射液
(50 w/v%)

c.

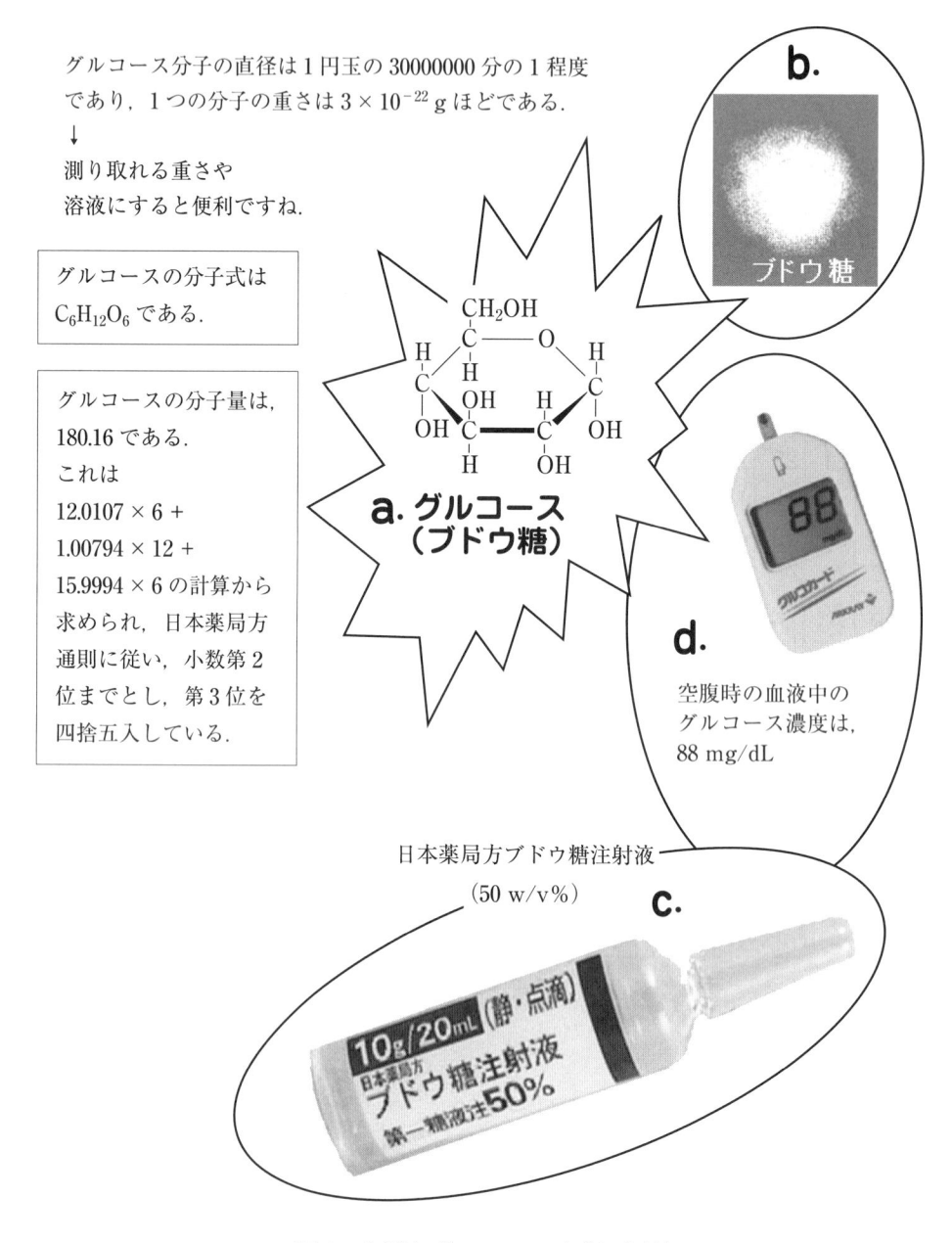

図4　身近なグルコース（ブドウ糖）

局方ブドウ糖注射液」50% や 10 g/20 mL のような注射剤（図4c）を見かけますが，このままの濃さだけでなくて 5% 液にするような希釈をして（薄めて）点滴に使うことも多いのです．また，インスリンの投与を行っている糖尿病患者では血糖値（血液中のグルコースの濃度）の管理が重要なので，血糖値センサー（図4d）が活用されています．

4 化学反応式は何を表しているでしょう

化学反応式は，反応物と生成物がどんな原子や分子であるかを化学式で表すと同時に，（化学量論に従った）反応物と生成物の量的な関係を示しています．1例として，酸素の存在するとき

化学反応式が示すことは？

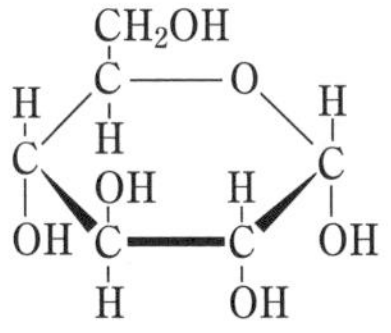

グルコース（ブドウ糖）の構造
（ここでは α-D-グルコピラノースの構造だけ示している）

グルコースが酸素の存在下で燃えた反応を，**化学反応式**で表すと

$$C_6H_{12}O_6 + 6O_2 \rightarrow 6CO_2 + 6H_2O$$

分子数（個）	1個のグルコース分子 × 6.02 × 10²³ ↓	6個の酸素分子 × 6.02 × 10²³ ↓	6個の二酸化炭素分子 × 6.02 × 10²³ ↓	6個の水分子 × 6.02 × 10²³ ↓
物質量	1 mol	6 mol	6 mol	6 mol
質量	グルコースの分子量×1＝ 180.16 g	酸素の分子量×6＝ 191.99 g	二酸化炭素の分子量×6＝ 264.06 g	水分子量×6＝ 108.09 g

図5 化学反応式が示すこと

反応の前後（矢印の左側と右側）を比べると
☆ C（炭素）の総数は 6，O（酸素）の総数は 18，H（水素）の総数は 12 であり，いずれも等しくつりあっている．
☆ 物質の総質量は 372.15 g で，両者がつりあっている（質量保存の法則）．

にグルコース（ブドウ糖）が燃えた化学反応を，図5の化学反応式で表しています．化学反応する物質は ⟶ の左に，酸化されて生じた物質は右に書いています．反応物質と生成物質の化学式の係数が，それらの物質の個数の割合を示します．化学反応式に対応して，図5の表に示すように，1 mol のグルコースと 6 mol の酸素が 6 mol の二酸化炭素と 6 mol の水に変化したことを意味します．1 mol のグルコースの燃焼反応に関与した物質の質量は，モル分子量を使って算出できますね．

5 『もる』に注意

　分析化学の計算では単位はとても大切ですが，単位において音声では『もる』と聞こえる語がひんぱんに出てきます．図6に示すように，1 M の濃度と 1 モルの物質量が混同されやすいのです．「mol」や「モル」は，物質量の単位です．一方，「mol/L」と「M」(モーラーと呼ぶ) は同じ意味で，モル濃度を表す単位です．物質量と濃度の詳細は，1章（単位）および2章（濃度）で学んで下さい．

用語の定義を，正しく理解しましょう．

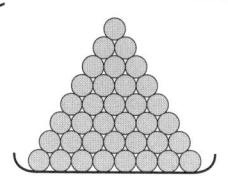

物質量　1 mol
粒子の数　$6.02 \times 10^{23} \times 1$

物質量　2 mol
粒子の数　$6.02 \times 10^{23} \times 2$

分子量が 200 の分子の場合には，モル質量は 200 g

物質量の 1 mol

物質量とモル濃度を　混同しないようにしましょう！

モル濃度の 1 M（1 mol/L）

水を加えて，薄める

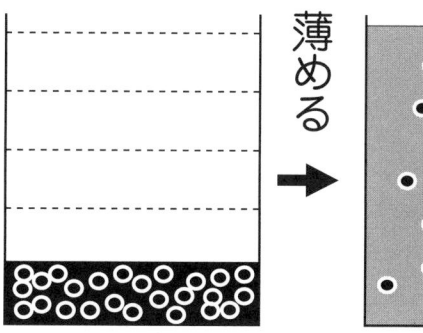

1 mol/L
1 M（モーラーと読む）と書くこともある

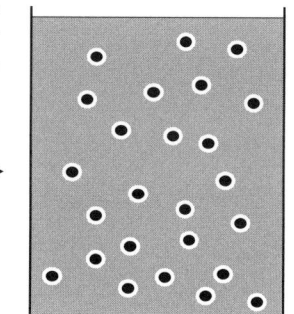

0.2 mol/L

図 6　mol と mol/L と M に注意

1 単位を理解する

　日常生活の地域や時代が違うと同じ長さを，図 1.1 に示すようにインチ，メートル，尺等で表し，長さの表現にそれぞれの文化やその時の政治などが反映されている．しかし，現在の科学の世界では国際単位系（SI）という統一されたものを使っている．計算を学ぶ前に，まず，単位を理解しよう．

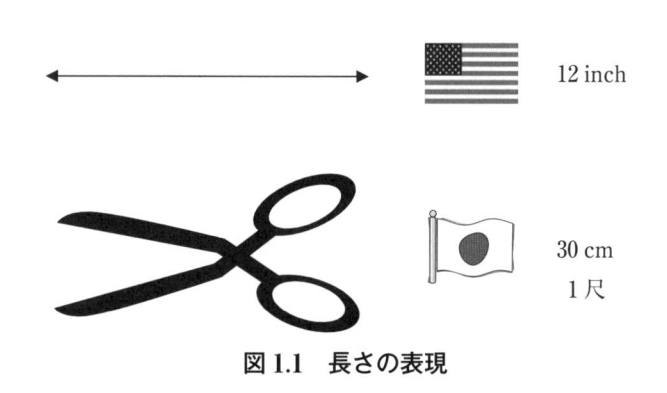

12 inch

30 cm
1 尺

図 1.1　長さの表現

1　SI 単位と SI 接頭語

　いろいろな現象を私達は数字を使って表現することを図 1.1 の例で思い起こした．表現するものは，身長のような長さであったり，体重のような質量であったり，時間であったり，化学物質の個数のような物質量であった．これらのそれぞれの物理量を考えに入れて数字で表そう．このとき，どんな物理量であるか種類を明らかにして，またその物理量が取り扱いやすい数値の大きさになるようにする必要がある．しかも自分と情報を伝える相手と同一の物理量と大きさの認識を与えるものでなければならない．だから私達は，長さ，質量，時間，物質量などに対応した単位を用いる．

科学の対象を定量的な数値的取り扱いをするとき，ある種の量を数値で表すために，大きさが約束されている同種の量を基準にして数値を表す．この基準としているものを単位という．国際単位系（SI）は，単位と接頭語から成っている．表 1.1 に SI 基本単位（7 種）を示す．特に，濃度に関係する基本物理量の定義は次の通りである．

長さ（メートル m）：真空中で光が 1/299792458 s の間に進む距離

質量（キログラム kg）：国際キログラム原器の質量

物質量（モル mol）：0.012 kg の ^{12}C に含まれる炭素原子と同数の単位粒子を含む系の物質量

表 1.2 には特別な名称のある誘導単位の例を，また表 1.3 には SI 接頭語を示した．また，SI 単位ではないが分析化学ではよく使う単位（非 SI 単位）を，表 1.4 に SI 単位との関係式として示す．

表 1.1　SI 基本単位

物理量	名　称	記　号
長さ	メートル	m
質量	キログラム	kg
時間	秒	s
電流	アンペア	A
温度	ケルビン	K
物質量	モル	mol
光度	カンデラ	cd

表 1.2　特別な名称のある誘導単位

物理量	名　称	記　号	定　義
力	ニュートン	N	$kg \cdot m/s^2$
圧力	パスカル	Pa	$kg/(m \cdot s^2) = N/m^2$
エネルギー	ジュール	J	$kg \cdot m^2/s^2 = N \cdot m$
仕事率	ワット	W	$kg \cdot m^2/s^3 = J/s$
電気量	クーロン	C	$A \cdot s$
電位差	ボルト	V	$kg \cdot m^2/(s^3 \cdot A) = J/(A \cdot s)$
周波数	ヘルツ	Hz	$1/s$

表 1.3　SI 接頭語

接頭語	記　号	倍　数
テラ	T	10^{12}
ギガ	G	10^{9}
メガ	M	10^{6}
キロ	k	10^{3}
ヘクト	h	10^{2}
デカ	da	10^{1}
		1
デシ	d	10^{-1}
センチ	c	10^{-2}
ミリ	m	10^{-3}
マイクロ	μ	10^{-6}
ナノ	n	10^{-9}
ピコ	p	10^{-12}
フェムト	f	10^{-15}
アト	a	10^{-18}

表 1.4

物理量	非 SI と SI の関係
体積	$1\,L = 10^{-3}\,m^3 = 1\,dm^3 = 10^3\,cm^3$
時間	$1\,min = 60\,s,\ 1\,h = 3600\,s$
圧力	$1\,atm = 1.01 \times 10^5\,Pa,\ 1\,mmHg = 133\,Pa$
エネルギー	$1\,cal = 4.184\,J,\ 1\,l\cdot atm = 101\,J$

❷ 日本薬局方の単位

　日本薬局方で用いられる単位を表 1.5 に示した．日本薬局方の単位は，SI 単位系への統一が図られている．しかしながら，リットル，ppm など日本薬局方に好都合な非 SI 単位も使われる．
　抗生物質やワクチンなどの医薬品の量を表すのに，その生物学的効果を効果の一定した標準品と比べて力価を定める．インスリン単位やヘパリン単位というように，使用した標準品名を付して単位という語を用いるが，この「単位」は医薬品の力価，すなわち量とみなすべきものである（図 1.2, 1.3）．

表 1.5　日本薬局方で用いられる単位

メートル	m	毎センチメートル	cm^{-1}
センチメートル	cm	ニュートン	N
ミリメートル	mm	キロパスカル	kPa
マイクロメートル	μm	パスカル	Pa
ナノメートル	nm	パスカル秒	Pa·s
キログラム	kg	ミリパスカル秒	mPa·s
グラム	g	平方ミリメートル毎秒	mm^2/s
ミリグラム	mg	ルクス	lx
マイクログラム	μg	モル毎リットル	mol/L
ナノグラム	ng	ミリモル毎リットル	mmol/L
ピコグラム	pg	質量百分率	%
セルシウス度	℃	質量百万分率	ppm
モル	mol	質量十億分率	ppb
ミリモル	mmol	体積百分率	vol%
平方センチメートル	cm^2	体積百万分率	vol ppm
リットル	L	質量対容量百分率	w/v%
ミリリットル	mL	マイクロジーメンス毎センチメートル	$μS·cm^{-1}$
マイクロリットル	μL	エンドトキシン単位	EU
メガヘルツ	MHz	コロニー形成単位	CFU

ただし，一般試験法の核磁気共鳴スペクトル測定法で用いる ppm は化学シフトを示す．また，w/v% は製剤の処方または成分などを示す場合に用いる．

医薬品の力価を示すとき用いる単位は医薬品の量とみなす．通例，一定の生物学的作用を現す一定の標準品量で示され，医薬品の種類によって異なる．単位は原則として生物学的方法によってそれぞれの標準品と比較して定める．日本薬局方医薬品において，単位とは日本薬局方単位を示す．

劇薬
処方せん医薬品[注)]

ノボラピッド®注 100単位/mL
NovoRapid®100 U/mL

超速効型インスリンアナログ注射液

貯　　法：凍結を避け、2〜8℃に遮光して保存する。
使用期限：外箱及びバイアルに表示の使用期限内に使用すること
注）注意－医師等の処方せんにより使用すること

【禁忌(次の患者には投与しないこと)】
1. 低血糖症状を呈している患者
2. 本剤の成分に対し過敏症の既往歴のある患者

【組成・性状】

1バイアル(10mL)中

インスリン アスパルト(遺伝子組換え)		1000 単位[注1)]
添加物	酸化亜鉛	196μg[注2)]
	フェノール	15mg
	m−クレゾール	17.2mg
	濃グリセリン	160mg
	リン酸水素二ナトリウム二水和物	12.5mg
	塩化ナトリウム	5.8mg
	塩酸	適量
	水酸化ナトリウム	適量
剤形・性状	注射剤 本剤は無色澄明の液である。	
pH	7.20〜7.60	

注1）1単位は6 nmolに相当。本剤の単位はインスリン アスパルト単位であるが、インスリン アスパルト1単位は、ヒトインスリン(遺伝子組換え)の1国際単位と同等である。
注2）亜鉛含量として

【効能・効果】

インスリン療法が適応となる糖尿病

＊＊〈効能・効果に関連する使用上の注意〉
糖尿病の診断が確立した患者に対してのみ適用を考慮すること。
糖尿病以外にも耐糖能異常や尿糖陽性を呈する糖尿病類似の病態(腎性糖尿、甲状腺機能異常等)があることに留意すること。

【用法・用量】

本剤は持続型インスリン製剤と併用する超速効型インスリンアナログ製剤である。
通常、成人では、初期は1回2〜20単位を毎食直前に皮下注射する。なお、投与量は症状及び検査所見に応じて適宜増減するが、持続型インスリン製剤の投与量を含めた維持量は通常1日4〜100単位である。

【使用上の注意】

1. 慎重投与(次の患者には慎重に投与すること)
(1) インスリン需要の変動が激しい患者
　1) 手術、外傷、感染症等の患者
　2) 妊婦(「**6. 妊婦・産婦・授乳婦等への投与**」の項参照)
(2) 次に掲げる低血糖を起こしやすい患者又は状態
　1) 重篤な肝又は腎機能障害
　2) 下垂体機能不全又は副腎機能不全
　3) 下痢、嘔吐、軽症胃アトニー等の胃腸障害
　4) 飢餓状態、不規則な食事摂取
　5) 激しい筋肉運動
　6) 過度のアルコール摂取者
　7) 高齢者(「**5. 高齢者への投与**」の項参照)
＊＊8) 血糖降下作用を増強する薬剤との併用(「**3.相互作用**」の項参照)
(3) 低血糖を起こすと事故につながるおそれがある患者(高所作業、自動車の運転等の作業に従事している患者等)

2. 重要な基本的注意
(1) インスリン製剤の使用上最も重要なことは、適応の決定と患者教育である。日常の糖尿病治療のためにインスリンを使用する場合、その注射法及び低血糖に対して患者自らも対処できるように十分指導すること。また、皮下からの吸収及び作用の発現時間は、投与部位、血流、体温、運動量等により異なるため、適切な注射法についても患者教育を十分行うこと。
(2) 急を要する場合以外は、あらかじめ糖尿病治療の基本である食事療法、運動療法を十分行ったうえで適用を考慮すること。
(3) 低血糖を起こすことがあるので、注意すること。特に、食事を摂取しなかったり、予定外の激しい運動を行った場合、低血糖を引き起こしやすい。低血糖が無処置の状態で続くと低血糖昏睡等を起こし、重篤な転帰(中枢神経系の不可逆的障害、死亡等)をとるおそれがある。また、低血糖に関する注意について、患者及びその家族に十分徹底させること(「**4. 副作用**」の項参照)。
(4) インスリンの用量が不足した場合、高血糖を起こすことがあるので、注意すること。
高血糖が無処置の状態で続くと悪心、嘔吐、眠気、潮紅、口渇、頻尿、脱水、食欲減退、呼気のアセトン臭、ケトアシドーシス、昏睡

図 1.2　インスリン単位の注射剤での表示例

「単位」：ホルモン剤や抗生物質などで一定の生物学的作用を示す量．SI 単位のように用いられる“単位”とは異なり，量を示すのに用いている．

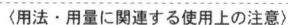

図1.3 注射剤の表示に力価として量を表示する例

「力価」：錠剤，カプセル剤，水剤などに含まれている有効成分の量（質量）を示す．塩基や水和物としてではなく有効成分の質量のみを表示したもの（抗生物質は塩基として多量に電解質が含まれている場合があるので，投薬する場合には注意が必要）．

❸ 単位の変換

1）倍数を表す単位のSI接頭語による単位の変換

　例えば重さや物質量の値を表すには，数字と単位（gやmol）を組み合わせて1000gや0.002molのように表す．このような場合に，1kgや2mmolとSI接頭語（表1.3）を用いて表現できる．つまり様々な物理量の測定値を表すには，『数字×SI接頭語×単位』で行う必要がある．仮に臨床の現場で血糖値100と称することがあっても，それは血糖値は100 mg/dLということが共通の理解されたもの同士が略号として単位抜きで使っているので，計算の場面などにはmg/dLを省略してはいけない．

SI接頭語の単位の変換の例を次に示す．

$1 \text{ kg} = 1000 \text{ g} = 10^3 \text{ g}$

$1 \text{ dg} = 0.1 \text{ g} = 10^{-1} \text{ g}$

$1 \text{ mg} = 0.001 \text{ g} = 10^{-3} \text{ g}$

$1 \text{ μg} = 0.000001 \text{ g} = 10^{-6} \text{ g}$

$1 \text{ ng} = 0.000000001 \text{ g} = 10^{-9} \text{ g}$

$1 \text{ pg} = 0.000000000001 \text{ g} = 10^{-12} \text{ g}$

$1 \text{ fg} = 0.000000000000001 \text{ g} = 10^{-15} \text{ g}$

$1 \text{ ag} = 0.000000000000000001 \text{ g} = 10^{-18} \text{ g}$

なお，医療現場で使う特殊な単位の例を図1.4に示す．

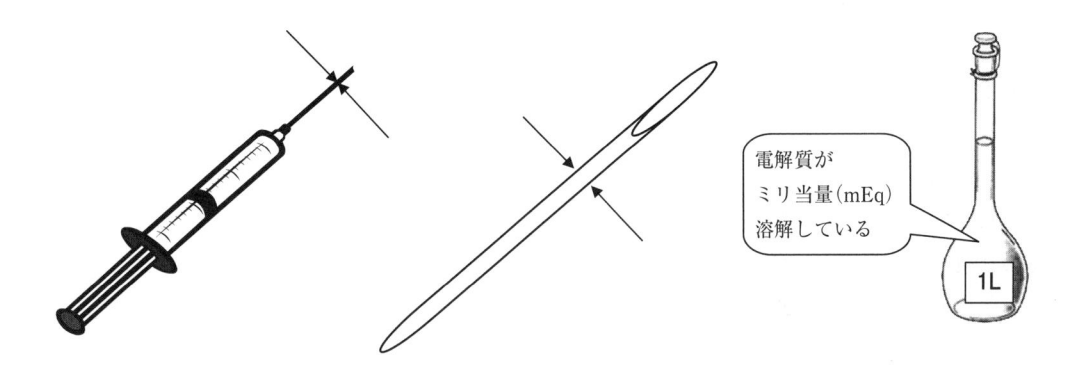

注射針　ゲージ（G）　　　カニューレ　フレンチ（Fr）　　電解質濃度　メック（mEq/L）

図1.4　医療現場で使う特殊な単位の例

例題1 下線部はいくらになるか答えよ．

1　1 kg = _____ g　　　　2　0.73 kg = _____ g
3　250 mL = _____ L　　　4　700 ppm = _____ ppb = _____ mg/L
5　400 Hz = _____ kHz = _____ MHz
6　133 hPa = _____ Pa　（h = 100）
7　25 mL = _____ dL　（1 dL = 100 mL，血液や尿の量に使用される）
8　1 mg = _____ g　　　　9　58.9 mg = _____ g
10　6 mL = _____ nL　　　11　5 w/v% = _____ mg/L = _____ g/dL

解答
1　1,000　　2　730　　3　0.25　　4　700000, 700　　5　0.4, 0.0004
6　13300　　7　0.25　　8　0.001　　9　0.0589　　10　6,000,000
11　50,000, 5

2) 物質量と重さ，物質量と分子の数，物質量と気体の体積についての単位の変換

物質 1 mol の質量をモル質量と呼んでいる．例えば分子量 180.16 のブドウ糖のモル質量は，180.16 g/mol であり，式量 23.00 のナトリウムイオンのモル質量は，23.00 g/mol である．

物質量の単位の変換の例を次に示す．

物質量から質量へ

　　　物質量(mol)×モル質量(g/mol)＝質量(g)

質量から物質量へ

　　　質量(g)÷モル質量(g/mol)＝物質量(mol)

物質量から分子の数へ

　　　物質量(mol)×アボガドロ数(個/mol)＝分子の数(個)

分子の数から物質量へ

　　　分子の数(個)÷アボガドロ数(個/mol)＝物質量(mol)

物質量から気体の体積へ

　　　物質量(mol)×22.4(L/mol)＝気体の体積(L)

気体の体積から物質量へ

　　　気体の体積(L)÷×22.4(L/mol)＝物質量(mol)

例として，図 1.5 に，分子量 30 の物質について，物質量，分子の数および質量の関係を示した．

例題 2 次の各問に答えよ．

問 1 硫酸 4.9 g は何 mol か．ただし，硫酸の式量を 98 とする．

問 2 1 錠中 30 mg 含まれるコデインを使って 1 日にコデイン 0.09 g を内服するには何錠必要か．

問 3 ジゴキシン 0.25 mg を経口投与したいとき，1 錠中の力価が 125 μg と表示されているジゴキシン錠を何錠用意すればよいか．

問 4 食塩 1 g は何 mEq になるか．各原子量は Na：23，Cl：35.5 とする．

問 5 塩化ナトリウム 2.5 mol は何 g か．ただし，NaCl の式量を 58.5 とする．

問 6 ペニシリンシロップ 5 mL にはペニシリンが 125 mg 入っている．シロップ 10 mL 中の薬の質量（力価）はいくらか．

問 7 20 mEq/20 mL の塩化カリウム注射液には，塩化カリウムは何 g 含まれているか．ただし，塩化カリウムの式量は 74.5 とする．

第1章 単位を理解する

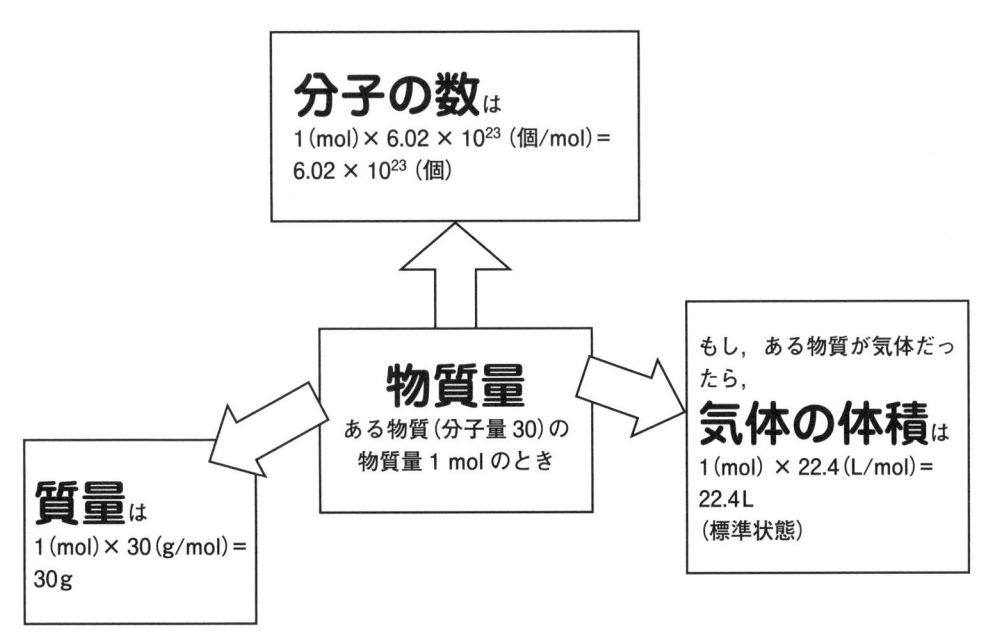

分子の数は
1(mol) × 6.02 × 10²³(個/mol) = 6.02 × 10²³(個)

物質量
ある物質(分子量30)の物質量1 mol のとき

もし，ある物質が気体だったら，
気体の体積は
1(mol) × 22.4(L/mol) = 22.4 L
(標準状態)

質量は
1(mol) × 30(g/mol) = 30 g

図1.5 分子量30のある物質について，物質量，分子の数，質量の関係

解答

問1 $\dfrac{4.9(g)}{98(g/mol)} = 0.05$ mol

問2 0.09 g は 90 mg であるから，90 ÷ 30 = 3 となり，1 錠中 30 mg 含まれる錠剤が 3 錠必要となる．

問3 0.25 mg = 250 μg であるから，250(μg) ÷ 125(μg) = 2　　2 錠用意すればよい．

問4 $\dfrac{1(g)}{23(g/mol) + 35.5(g/mol)} = 0.0171(mol) = 17.1$ mmol

食塩（NaCl）は1価のNa^+と1価のCl^-に完全に電離するので，17.1 mEq となる．

17.1(mmol) × 1 = 17.1 mEq

問5 2.5(mol) × 58.5(g/mol) = 146.3 g

問6 $\dfrac{10(mL)}{5(mL)} \times 125(mg) = 250$ mg

問7 塩化カリウムを構成するカリウムイオンも塩素イオンも1価だから，20(mEq)/20(mL)は 20(mmol)/20(mL)に相当する．よって，
20(mmol) × 74.5(g/mol) = 1490(mg) = 1.49 g

3) 溶液の濃度を表す単位の変換

溶液の濃度については，第2章で述べる．

2 溶液の濃度を理解する

　溶液に溶けている物質の割合を濃度と呼ぶ（図2.1）．固体の混合物の中に含まれている物質の割合や気体の混合物の中に含まれている物質の割合も，濃度と呼ぶ．薬は種類だけでなく，その量や濃度によって効果が左右されるので，濃度の理解はとても大切である．血糖値の測定は健康診断でよく知られているが，血液中に含まれるグルコースの濃度を血糖値と呼んでいる．また注射液のアンプルに 10 g/20 mL や 50% のような記載があるように，薬学では，いろいろな単位が使われている（図2.2）．

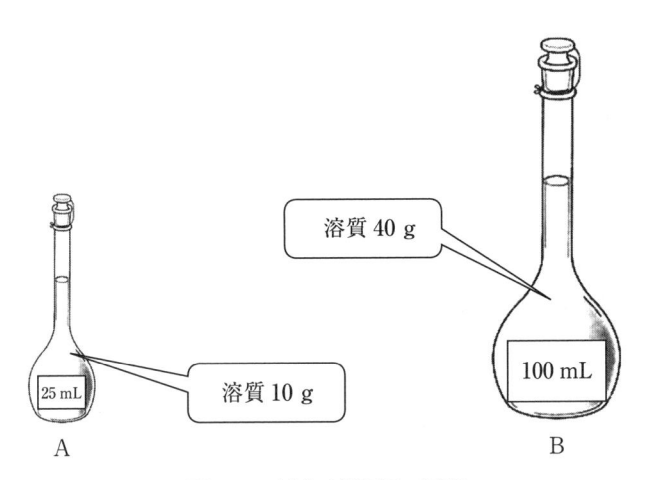

図2.1　割合が濃度に相当

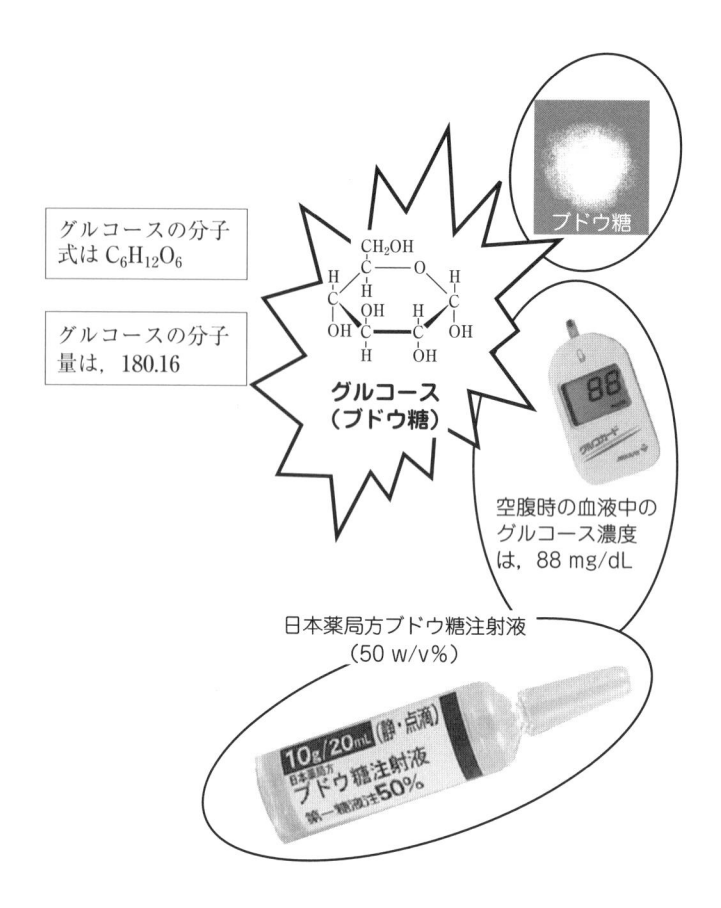

図 2.2　グルコース（ブドウ糖）は実用上いろいろな単位を使う

1 単位の定義を確認しよう

　溶液の濃度に関係する単位はとても重要なので，それらの定義を，今一度しっかり確認しよう．溶媒（水のように溶かしている液体），溶質（溶けている物質），溶液（溶媒に溶質が溶けた状態の液体）などの用語を正しく理解しよう．

表 2.1 溶液の濃度の単位

溶液に含まれる溶質の濃さの表し方	日本薬局方での単位	定義	濃度の算出の仕方
モル濃度	モル毎リットル mol/L	溶液1Lに溶けている溶質の物質量（mol）で表した濃度；単位はmol/L, mol/l, Mのいずれも使っている	モル濃度(mol/L) = 溶質の物質量(mol) ÷ 溶液の体積(L)
	ミリモル毎リットル mmol/L	溶液1Lに溶けている溶質の物質量（mmol）で表した濃度；単位はmmol/L, mmol/l, mMのいずれも使っている	ミリモル濃度(mmol/L) = 溶質の物質量(mmol) ÷ 溶液の体積(L)
質量百分率濃度	質量百分率 %	溶液100g中に含まれる溶質の質量（g）を表した濃度	質量百分率(%) = 溶質の質量(g) ÷ 溶液の質量(g) × 100
質量百万分率濃度	質量百万分率 ppm	溶液1kg中に含まれる溶質の質量（mg）を表した濃度	質量百万分率(ppm) = 溶質の質量(g) ÷ 溶液の質量(g) × 1,000,000
質量十億分率濃度	質量十億分率 ppb	溶液1kg中に含まれる溶質の質量（μg）を表した濃度	質量十億分率(ppb) = 溶質の質量(g) ÷ 溶液の質量(g) × 1,000,000,000
体積百分率濃度	体積百分率 vol %	溶液100mL中に含まれる溶質の体積（mL）を表した濃度	体積百分率(vol%) = 溶質の体積(mL) ÷ 溶液の体積(mL) × 100
体積百万分率濃度	体積百万分率 vol ppm	溶液の体積1L中に含まれる溶質の体積（mL）を表した濃度	体積百万分率(vol ppm) = 溶質の体積(mL) ÷ 溶液の体積(mL) × 1,000,000
質量対容量百分率濃度	質量対容量百分率 w/v%	溶液100mLに含まれる溶質の質量（g）を表した濃度；単位g/dLと同じ意味	質量対容量百分率(w/v%またはg/dL) = 溶質の質量(g) ÷ 溶液の容量(mL) × 100

❷ 密度と比重

　密度（g/mLまたはg/cm³で表す）は物質の単位体積当たりの質量である．また，比重は有る体積を有する物質の質量とそれと等体積の標準となる物質の質量との比である．密度1g/mLの水を標準となる物質とするとき，比重は1である（図2.3）．
　濃度の計算では，質量を体積に，あるいは体積を質量に変換することも多い．その際，密度（g/mL）が使われる．比重は比であるので単位はないけれども，濃度の計算においては密度と

密度
物質の単位体積当たりの質量 = 1（g/mL または g/cm³）

比重
ある体積を有する物質の質量とそれと等体積の標準物質の質量との比（相対密度ともいう）

1（g/mL）の溶液 / 1（g/mL）の標準物質（水をよく使う） = 1

⇒ 質量と体積の変換に利用

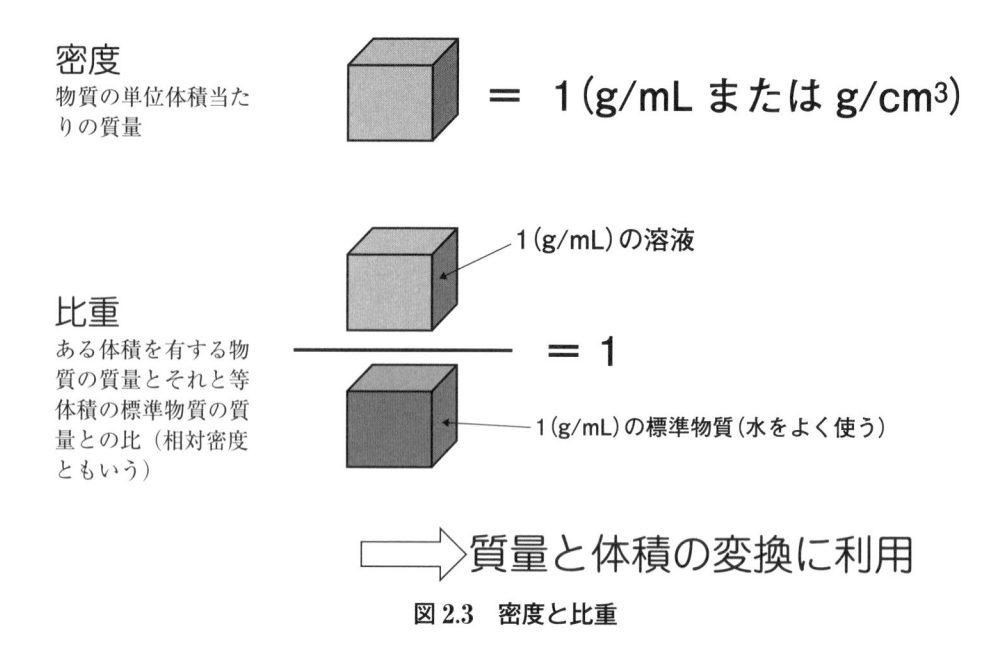

図 2.3　密度と比重

同様の（g/mL）の単位を便宜上付けて扱うことが多い．

❸ モル濃度の溶液

モル濃度は，溶液 1 L に溶けている溶質の物質量（mol）で表した濃度である．1 mol/L の溶液調製を例として，図 2.4 に示した．通常，モル濃度の単位は，mol/L であるが，mol/l，M のいずれも使われている．

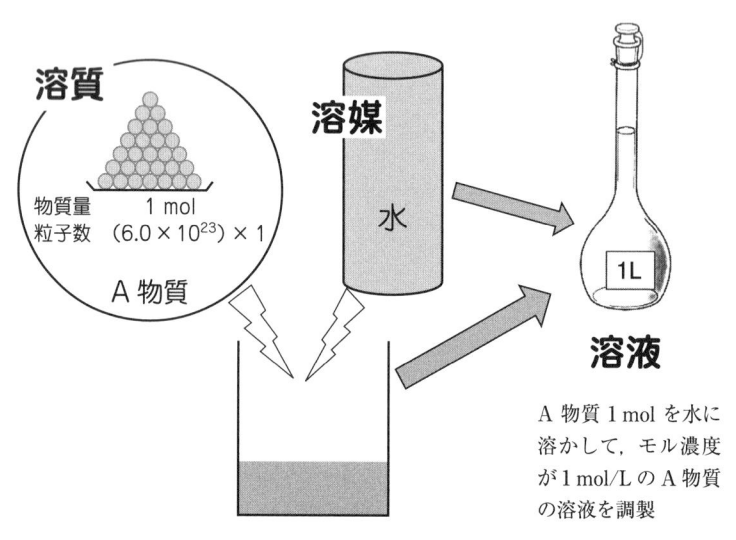

溶質
物質量　1 mol
粒子数　(6.0×10²³)×1
A 物質

溶媒
水

溶液
1 L

A 物質 1 mol を水に溶かして，モル濃度が 1 mol/L の A 物質の溶液を調製

図 2.4　モル濃度 1 mol/L の溶液

例題 1　次の各問に答えよ．

問 1　0.10 mol/L CH₃COOH 水溶液 100 mL に酢酸は何 g 溶けているか．ただし，酢酸の分子量は 60 とする．

問 2　1.8 g のブドウ糖を水に溶かして，よく混ぜた溶液 100 mL のモル濃度（mol/L）はいくらになるか．ただし，ブドウ糖の分子量は 180 とする．

問 3　10% ブドウ糖水溶液の密度は 1.05（g/mL）である．この溶液のモル濃度（mol/L）はいくらになるか計算せよ．ただし，ブドウ糖の分子量は 180 とする．

問 4　密度が 1.27（g/mL）の 30% ヨウ化カリウムのモル濃度（mol/L）はいくらか．ただし，ヨウ化カリウムの式量は 166 とする．

問 5　密度が 1.27（g/mL）の 30% ヨウ化カリウムを用いて，0.2 mol/L のヨウ化カリウム溶液を 1 L つくりたい．30% ヨウ化カリウムは何 mL 必要か．ただし，ヨウ化カリウムの式量は 166 とする．

問 6　20.0 % ショ糖 $C_{12}H_{22}O_{11}$（密度 1.08（g/mL），$C_{12}H_{22}O_{11}$：342）の濃度をモル濃度（mol/L）で示せ．

問 7　70% 硝酸の密度は 1.42（g/mL）である．この溶液のモル濃度（mol/L）はいくらになるか．ただし，硝酸の式量は 63.0 とする．

問 8　密度が 1.84（g/mL）の 96% 硫酸のモル濃度（mol/L）はいくらか．ただし，硫酸の式量は 98 とする．

問 9　密度 0.90（g/mL）の 28% アンモニア水のモル濃度（mol/L）はいくらか．ただし，アンモニアの分子量は 17 とする．

問 10　密度 1.18（g/mL）の 36.5% 塩酸のモル濃度（mol/L）はいくらか．ただし，HCl の式量は 36.5 とする．

解答　問 1　0.10 mol/L CH₃COOH 水溶液とは 1000 mL 中に酢酸が 0.10 mol 溶解していることを示す．したがって，その分子量 60 を使用して質量に換算する．
0.10（mol/L）× 60（g/mol）= 6（g/L）を得る．ただ，100 mL 中と指定されているから，

$$0.10\,(\mathrm{mol/L}) \times 60\,(\mathrm{g/mol}) \times \frac{100\,(\mathrm{mL})}{1000\,(\mathrm{mL})} = 0.6\,\mathrm{g}$$

問2 100 mL 中に溶解しているブドウ糖の質量を物質量に換算する．

$$1.8\,(\mathrm{g})/180\,(\mathrm{g/mol}) = 0.01\,\mathrm{mol}$$

これを 1000 mL 中に存在する量に比例計算するには 1000/100 = 10 倍すればよいから，0.01 (mol) × 10 = 0.1 mol になる．したがって，0.1 mol/L

または，溶液 100 mL は 0.1 L のことであるから，以下のようにもなる．

$$\frac{\dfrac{1.8\,(\mathrm{g})}{180\,(\mathrm{g/mol})}}{0.1\,(\mathrm{L})} = 0.1\,\mathrm{mol/L}$$

問3 1000 mL 中に存在するブドウ糖の質量をモル数に換算すればよい．

$$\frac{1000\,(\mathrm{mL}) \times 1.05\,(\mathrm{g/mL}) \times (10/100)}{180\,(\mathrm{g/mol})} = 0.583\,\mathrm{mol}$$

この 0.583 mol が 1000 mL（＝ 1 L）中に存在しているから，0.583 mol/L

問4 1000 mL 中に存在するヨウ化カリウムの物質量を算出すると

$$\frac{1000\,(\mathrm{mL}) \times 1.27\,(\mathrm{g/mL}) \times (30/100)}{166\,(\mathrm{g/mol})} = 2.30\,\mathrm{mol}$$

となるから，求める濃度は 2.30 mol/L

問5 1 L すなわち 1000 mL 中に 0.20 mol のヨウ化カリウムが含まれていればよいから，必要な 30% ヨウ化カリウムを X mL とすると，

$$\frac{X\,(\mathrm{mL}) \times 1.27\,(\mathrm{g/mL}) \times (30/100)}{166\,(\mathrm{g/mol})} = 0.20\,(\mathrm{mol/L})$$

$X = 87.1\,\mathrm{mL}$

問6 まず，1000 mL 中に含まれているショ糖の物質量を求めると，

$$\frac{1000\,(\mathrm{mL}) \times 1.08\,(\mathrm{g/mL}) \times (20.0/100)}{342\,(\mathrm{g/mol})} = 0.632\,\mathrm{mol}$$

1 L 中に 0.632 mol のショ糖が含まれているから，その濃度は 0.632 mol/L となる．

問7 1000 mL 中に存在する硝酸の質量をモル数に換算すればよい．

$$\frac{1000\,(\mathrm{mL}) \times 1.42\,(\mathrm{g/mL}) \times (70/100)}{63.0\,(\mathrm{g/mol})} = 15.78\,\mathrm{mol}$$

この 15.78 mol が 1000 mL（＝ 1 L）中に存在しているから，15.78 mol/L

問8 1000 mL 中に存在する硫酸の物質量を算出すると

$$\frac{1000\,(\mathrm{mL}) \times 1.84\,(\mathrm{g/mL}) \times (96/100)}{98\,(\mathrm{g/mol})} = 18.02\,\mathrm{mol}$$

となるから，求める濃度は 18.02 mol/L

問9　1000 mL 中に存在するアンモニアの物質量を算出すると

$$\frac{1000\,(\mathrm{mL}) \times 0.90\,(\mathrm{g/mL}) \times (28/100)}{17\,(\mathrm{g/mol})} = 14.8\,\mathrm{mol}$$

となるから，求める濃度は 14.8 mol/L

問10　1000 mL 中に存在する塩化水素の物質量を算出すると

$$\frac{1000\,(\mathrm{mL}) \times 1.18\,(\mathrm{g/mL}) \times (36.5/100)}{36.5\,(\mathrm{g/mol})} = 11.8\,\mathrm{mol}$$

となるから，求める濃度は 11.8 mol/L

4 百分率濃度（質量百分率濃度，質量対容量百分率濃度）の溶液

　質量百分率濃度は，質量パーセント濃度とも呼ばれ，溶液 100 g に溶けている溶質の質量 (g) を％という単位を用いて表した濃度である．1％の溶液調製を例として，図 2.5 に示した．
　また，質量対容量百分率濃度，溶液 100 mL に溶けている溶質の質量 (g) を w/v% という単位を用いて表した濃度である．w/v% は，製剤の処方または成分などを示す場合によく用いられる．w/v% の溶液調製を例として，図 2.6 に示した．

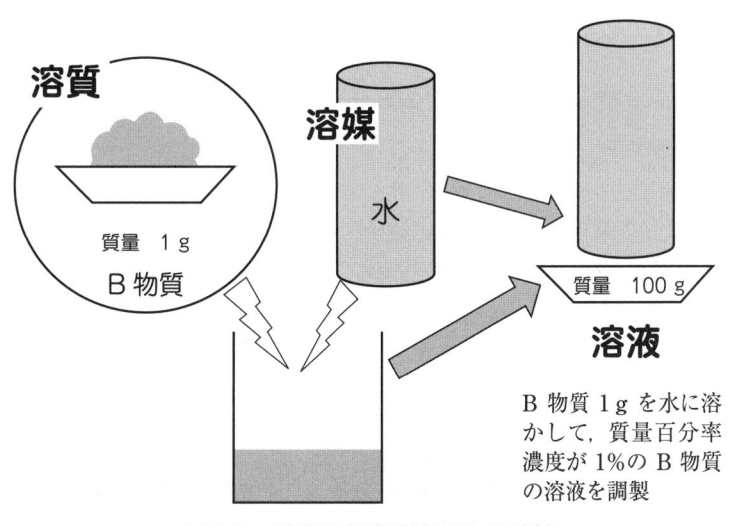

図 2.5　質量百分率濃度 1% の溶液

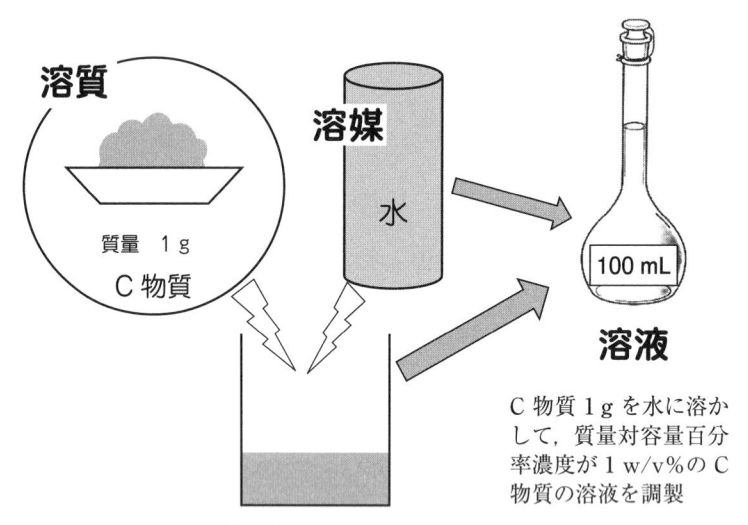

C 物質 1 g を水に溶かして，質量対容量百分率濃度が 1 w/v% の C 物質の溶液を調製

図 2.6　質量対容量百分率濃度 1 w/v% の溶液

例題 2　次の各問に答えよ．

問 1　250 g の食塩水中に 10 g の食塩が含まれている．この食塩水の質量百分率（%）はいくらか．

問 2　5 g のブドウ糖を水 45 g に溶かして，よく混ぜた溶液の質量百分率（%）はいくらになるか．

問 3　10.0 w/v% NaOH 溶液 250 mL のモル濃度（mol/L）はいくらになるか．ただし，NaOH の式量は 40 とする．

問 4　20.0% ショ糖 $C_{12}H_{22}O_{11}$（密度 1.08（g/mL），$C_{12}H_{22}O_{11}$：342）の濃度を質量対容量百分率（w/v%）で示せ．

問 5　5.0 mol/L の硫酸の密度は 1.30（g/mL）である．質量百分率（%）はいくらになるか．ただし，硫酸の式量は 98 とする．

問 6　密度 1.16（g/mL）の 10.0 mol/L 塩酸の質量百分率（%）はいくらか．HCl の式量は 36.5 とする．

問 7　KCl 10.0 g を含む溶液 500.0 mL がある．この溶液の密度が 1.06（g/mL）の場合，質量百分率（%）とモル濃度（mol/L）はいくらか．ただし，KCl の式量は 74.6 とする．

問 8 0.8 % のブドウ糖溶液 40 g 中に含まれているブドウ糖は何 g か.

問 9 $(NH_4)_2SO_4$ 30 g を水 150 g に溶かした溶液の質量百分率（%）はいくらか.

問 10 100 g の水に塩化水素 HCl を吸収させて，20.0 % の塩酸を得た．吸収された塩化水素は何 g か.

問 11 6.0 mol/L 塩酸（密度：1.10 (g/mL)）の質量百分率（%）はいくらか. HCl の式量は 36.5 とする.

問 12 質量百分率（%）が 40 %，密度が 1.31 (g/mL) の硫酸のモル濃度（mol/L）はいくらか．ただし，硫酸の式量は 98 とする.

問 13 水酸化バリウム 25 g を水 100 g に溶解させた溶液の密度が 1.21 (g/mL) であるとき，この水溶液の質量百分率（%），モル濃度（mol/L）はいくらか．ただし，水酸化バリウムの式量は 171 とする.

問 14 ブドウ糖 50 g を水に溶解して 1 L のブドウ糖溶液を調製した．w/v % ならびに mol/L の各濃度を求めよ．ただし，ブドウ糖（$C_6H_{12}O_6$）の分子量は 180 とする.

解答 問 1 存在する溶質の量を中心に考えて，食塩水の濃度を X % とすると,

$$250 (g) \times \frac{X}{100} = 10 \text{ g}$$

$X = 4.0$ (%) となる．あるいは，質量百分率濃度（%）は

$$\frac{溶質 (g)}{溶液 (g)} \times 100 (\%)$$

で求められる．

$$\frac{10 (g)}{250 (g)} \times 100 = 4.0 \%$$

問 2 溶質になる 5 g のブドウ糖と溶媒になる水 45 g が合計されて溶液 50 g ができ上がっている．

$$\frac{5 (g)}{5 (g) + 45 (g)} \times 100 = 10 \%$$

問 3 10.0 w/v % とは溶液 100 mL 中に NaOH が 10 g 溶解していることを意味する．1000 mL 中に置き換えれば 100 g 溶けている．物質量に直すには NaOH の式量 40 g を考えて，以下を得る．濃度は 250 mL でも 1000 mL でも同じである．ここでは

1000 mL の溶液を想定して，その中に存在する物質量を算出する．

$$\frac{10\,(\mathrm{g})}{40\,(\mathrm{g/mol})} \times \frac{1000\,(\mathrm{mL})}{100\,(\mathrm{mL})} = 2.5\ \mathrm{mol}$$

したがって 2.5 mol/L が答え．

あるいは，250 mL 中に NaOH は 25 g 存在している．それを物質量に換算して

$$250\,(\mathrm{mL}) \times \frac{10\,(\mathrm{g})}{100\,(\mathrm{mL})} = 25\ \mathrm{g} \qquad \frac{25\,(\mathrm{g})}{40\,(\mathrm{g/mol})} = 0.625\ \mathrm{mol}$$

250 mL すなわち 0.25 L 中に溶解していることだから，

$$\frac{0.625\,(\mathrm{mol})}{0.25\,(\mathrm{L})} = 2.5\ \mathrm{mol/L}$$

問 4 100 mL 中に存在するショ糖の質量を算出する．

$$100\,(\mathrm{mL}) \times 1.08\,(\mathrm{g/mL}) \times \frac{20}{100} = 21.6\ \mathrm{g}$$

21.6 g 含まれるから，21.6 w/v%

問 5 硫酸（式量 98）1 mol は 98 g であるから，5.0 mol では (5.0×98) g になる．一方，1000 mL は $1000\,(\mathrm{mL}) \times 1.30\,(\mathrm{g/mL}) = 1300$ g に相当する．

$$\frac{5.0\,(\mathrm{mol}) \times 98\,(\mathrm{g/mol})}{1000\,(\mathrm{mL}) \times 1.30\,(\mathrm{g/mL})} \times 100 = 37.7\ \%$$

問 6 1000 mL 中に存在する塩化水素の物質量を質量に換算する．

$$\frac{10.0\,(\mathrm{mol}) \times 36.5\,(\mathrm{g/mol})}{1000\,(\mathrm{mL}) \times 1.16\,(\mathrm{g/mL})} \times 100 = 31.5\ \%$$

問 7
$$\frac{10.0\,(\mathrm{g})}{500\,(\mathrm{mL}) \times 1.06\,(\mathrm{g/mL})} \times 100 = 1.89\ \%$$

溶液 1000 mL 中に KCl は 20.0 g 含まれるから，その式量 74.6 を考えて，

$$\frac{20\,(\mathrm{g})}{74.6\,(\mathrm{g/mol})} = 0.268\ \mathrm{mol}$$

これが 1000 mL に存在しているのだから，0.268 mol/L

問 8 $\quad 40\,(\mathrm{g}) \times \dfrac{0.8}{100} = 0.32\ \mathrm{g}$

問 9 求める濃度（%）を X とし，溶質の質量に変化がないから，

$$(30 + 150)\,(\mathrm{g}) \times \frac{X}{100} = 30\,(\mathrm{g})$$

これを解いて $X = 16.7$ %

あるいは，溶液中の溶質の質量という定義から

$$\frac{30\,(\mathrm{g})}{(30+150)\,(\mathrm{g})} \times 100 = 16.7\ \%$$

問 10 $\dfrac{X\,(\mathrm{g})}{100\,(\mathrm{g}) + X\,(\mathrm{g})} \times 100 = 20.0$ から，

これを解いて 25 g あるいは，吸収された塩化水素の質量 Y g と 20.0 % の塩酸中の存在する塩化水素の質量は同じ．

$$(100 + Y)\,(\mathrm{g}) \times \frac{20.0}{100} = Y\,(\mathrm{g})$$

これを解いて $Y = 25$ g となる．

問 11 $\dfrac{6\,(\mathrm{mol}) \times 36.5\,(\mathrm{g/mol})}{1000\,(\mathrm{mL}) \times 1.10\,(\mathrm{g/mL})} \times 100 = 19.9\ \%$

問 12 まず，1000 mL 中に含まれている硫酸の物質量を求めると，

$$\frac{1000\,(\mathrm{mL}) \times 1.31\,(\mathrm{g/mL}) \times (40/100)}{98\,(\mathrm{g/mol})} = 5.35\ \mathrm{mol}$$

したがって，5.35 mol/L

問 13 溶液中の溶質の質量という定義から

$$\frac{25\,(\mathrm{g})}{(25+100)\,(\mathrm{g})} \times 100 = 20.0\ \%$$

水酸化バリウムの式量 171 を考えて 1000 mL 中の物質量に変換すると，

$$\frac{1000\,(\mathrm{mL}) \times 1.21\,(\mathrm{g/mL}) \times (20/100)}{171\,(\mathrm{g/mol})} = 1.42\ \mathrm{mol}$$

ゆえに，1.42 mol/L

問 14 $\dfrac{50\,(\mathrm{g})}{1000\,(\mathrm{mL})} \times 100 = 5.0\ \mathrm{w/v\%}$

1 L = 1000 mL 中に 5.0 w/v% 溶質が含まれているから，溶質の質量から物質量に変換する．

$$1000\,(\mathrm{mL}) \times \frac{5.0\,(\mathrm{g})}{100\,(\mathrm{mL})} = 50\ \mathrm{g}$$

$$\frac{50\,(\mathrm{g})}{180\,(\mathrm{g/mol})} = 0.278\ \mathrm{mol}$$

したがって，0.278 mol/L

5 ppm, ppb, ppt の溶液

薄い溶液に対しては，質量百万分率（ppm），質量十億分率（ppb），質量一兆分率（ppt）の単位が用いられることもある．きわめて希薄な溶液であることから，実用的な観点から溶液（質量 g あるいは体積 mL）に対する溶質（質量 g）の比を用いて次のように表している（表 2.2）．

表 2.2 ppm, ppb, ppt の定義と算出の仕方

単位	定義	算出の仕方
ppm	溶液 1 kg または 1 L 中に含まれる溶質の質量（mg）を表した濃度	質量百万分率（ppm） = {溶質の質量(g) ÷ 溶液の質量(g または mL)} × 1,000,000 すなわち，溶液に対する溶質の比の 10^6
ppb	溶液 1 kg または 1 L 中に含まれる溶質の質量（μg）を表した濃度	質量十億分率（ppb） = {溶質の質量(g) ÷ 溶液の質量(g または mL)} × 1,000,000,000 すなわち，溶液に対する溶質の比の 10^9
ppt	溶液 1 kg または 1 L 中に含まれる溶質の質量（ng）を表した濃度	質量一兆分率（ppb） = {溶質の質量(g) ÷ 溶液の質量(g または mL)} × 1,000,000,000,000 すなわち，溶液に対する溶質の比の 10^{12}

例題 3 次の各問に答えよ．

問 1 5 μg のブドウ糖を水に溶かして，よく混ぜた溶液 50 g の質量百万分率（ppm）はいくらになるか．

問 2 乾燥した植物の根茎 40 g から Pb が 800 ng 検出された．何 ppb になるか．

問 3 患者血清 0.2 mL 中の Na イオンは 120 ng と計測された．Na イオンは何 ppm 含まれていることになるか．

解答 **問 1** 溶質なる 5 μg のブドウ糖が溶媒と合計されて溶液 50 g ができ上がっている．百万分率を求めたいわけだから $1,000,000 = 10^6$ 倍する．

$$\frac{5(\mu g)}{50(g)} \times 10^6 = 0.1 \text{ ppm}$$

問 2 800 ng = 800×10^{-9} g であり，ppb は十億分率すなわち 10^9 に対する割合を意味することから，

$$\frac{800 \times 10^{-9}(\mathrm{g})}{40(\mathrm{g})} \times 10^9 = 20 \text{ ppb}$$

問3 患者血清の密度を 1(g/mL) と考え，120 ng = 120 × 10^{-9} g = 0.12 × 10^{-6} g であり，ppm は百万分率すなわち 10^6 に対する割合を意味することから，

$$\frac{0.12 \times 10^{-6}(\mathrm{g})}{0.2(\mathrm{mL}) \times 1(\mathrm{g/mL})} \times 10^6 = 0.60 \text{ ppm}$$

> 血清：血液を抗凝固剤を使わないで放置し，凝固した血餅部分を遠心分離で除いたもの．

6 溶液濃度の単位の変換

1）溶液の濃度を表す単位の変換

すでに図2.2 に示したように化学物質のグルコースが，実用上医薬品，製剤，生体成分の各濃度の表現に都合のよいように，いろいろな単位で表されている．図2.7 には，分子量が200 の化学物質 A を例にして，ある一つの溶液濃度が，様々な単位で表現されることを示す．この図中の単位を無視して数字を並べると 1.0，50，10,000，10,000,000 となって同一溶液では考えられないほど違う値となる．単位は数と同じく大切なことがわかる．必要に応じて濃度の単位を正しく変換できることがとても重要である．

各種の濃度の単位の変換の例を次に示す（なお便宜上％などを用いているため，そのままでは単位の計算が困難な場合がある．また，モル質量を分子量（g/mol）として，溶液の密度あるいは比重を溶液の密度（g/mL）として表す）．

① **モル濃度(mol/L)から質量百分率(%)へ**

モル濃度(mol/L) × モル質量(g/mol) ÷ {1,000 × 溶液の密度(g/mL)} × 100 = 質量百分率(%)

② **モル濃度(mol/L)から質量百万分率(ppm)へ**

モル濃度(mol/L) × モル質量(g/mol) ÷ {1,000(mL) × 溶液の密度(g/mL)} × 1,000,000 = 質量百万分率(ppm)

③ **モル濃度(mol/L)から質量十億分率(ppb)へ**

モル濃度(mol/L) × モル質量(g/mol) ÷ {1,000(mL) × 溶液の密度(g/mL)} × 1,000,000,000 = 質量十億分率(ppb)

④ **モル濃度(mol/L)から体積百分率(vol%)へ**［溶質が液体の場合．溶質液体の密度(g/mL)］

モル濃度(mol/L) × モル質量(g/mol) ÷ 溶質液体の密度(g/mL) ÷ 1,000(mL) × 100 = 体積百分率(vol%)

⑤ **モル濃度(mol/L)から質量対容量百分率(w/v%またはg/dL)へ**

モル濃度(mol/L) × モル質量(g/mol) ÷ 1,000(mL) × 100 = 質量対容量百分率(w/v%またはg/dL)

計算のとき，単位の表し方をそろえましょう．例えば，溶液の濃度にはいろいろな単位が使われますね．

- 質量百分率は，1.0%
- モル濃度は，
  0.05 mol/L
  = 50 mmol/L
  = 0.05 mol·dm^{-3}
  = 0.05 M
  = 50 mM
- 質量百万分率は，10,000 ppm = 10^4 ppm
- 物質 A の 1.0 g を溶かして 100 mL とした．
- 質量対容量百分率は，1.0 w/v%
  これは，1.0 g/dL と同じ意味
- 質量十億分率は，10,000,000 ppb = 10^7 ppb

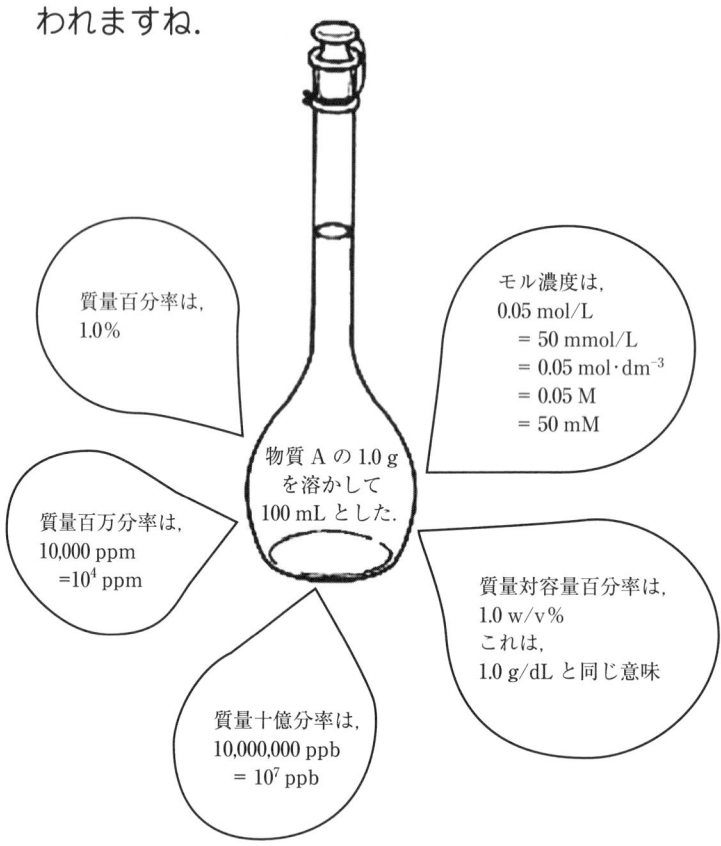

図 2.7 溶液の濃度の単位
この例では，物質 A の分子量が 200，溶液の密度は 1.0 g/mL として計算．

⑥ **質量百分率(%)からモル濃度(mol/L)へ**

　質量百分率(%) ÷ 100 ÷ 溶液の密度(g/mL) × 1,000 ÷ 分子量(g/mol) = モル濃度(mol/L)

⑦ **質量百分率(%)から質量百万分率(ppm)へ**

　質量百分率(%) × 10,000 = 質量百万分率(ppm)

⑧ **質量百分率(%)から質量十億分率(ppb)へ**

　質量百分率(%) × 10,000,000 = 質量十億分率(ppb)

⑨ **質量百分率(%)から体積百分率(vol%)へ**[溶質が液体の場合．溶質液体の密度(g/mL)]

　質量百分率(%) ÷ 溶質液体の密度(g/mL) ÷ {100(g) × 溶液の密度(g/mL)} × 100 = 体積百分率(vol%)

⑩ **質量百分率(%)から質量対容量百分率(w/v%または g/dL)へ**

　質量百分率(%) ÷ 溶液の密度(g/mL) = 質量対容量百分率(w/v%または g/dL)

⑪ **質量百万分率(ppm)から質量百分率(%)へ**

　質量百万分率(ppm) ÷ 10,000 = 質量百分率(%)

⑫ **質量百万分率(ppm)からモル濃度(mol/L)へ**

質量百万分率(ppm)÷1,000,000÷溶液の密度(g/mL)×1,000÷分子量(g/mol)=モル濃度(mol/L)

⑬ **質量百万分率(ppm)から質量十億分率(ppb)へ**

質量百万分率(ppm)×1,000=質量十億分率(ppb)

⑭ **質量百万分率(ppm)から体積百分率(vol%)へ**[溶質が液体の場合．溶質液体の密度(g/mL)]

質量百万分率(ppm)÷1,000,000÷溶質液体の密度(g/mL)÷{1(g)×溶液の密度(g/mL)}×100=体積百分率(vol%)

⑮ **質量百万分率(ppm)から質量対容量百分率(w/v%またはg/dL)へ**

質量百万分率(ppm)÷10,000÷溶液の密度(g/mL)=質量対容量百分率(w/v%またはg/dL)

⑯ **質量十億分率(ppb)から質量百分率(%)へ**

質量十億分率(ppb)÷10,000,000=質量百分率(%)

⑰ **質量十億分率(ppb)から質量百万分率(ppm)へ**

質量十億分率(ppb)÷1,000=質量百万分率(ppm)

⑱ **質量十億分率(ppb)からモル濃度(mol/L)へ**

質量十億分率(ppb)÷1,000,000,000÷分子量(g/mol)÷溶液の密度(g/mL)×1,000=モル濃度(mol/L)

⑲ **質量十億分率(ppb)から体積百分率(vol%)へ**[溶質が液体の場合．溶質液体の密度(g/mL)]

質量十億分率(ppb)÷1,000,000,000÷溶質液体の密度(g/mL)÷{1(g)×溶液の密度(g/mL)}×100=体積百分率(vol%)

⑳ **質量十億分率(ppb)から質量対容量百分率(w/v%またはg/dL)へ**

質量十億分率(ppb)÷10,000,000÷溶液の密度(g/mL)=質量対容量百分率(w/v%またはg/dL)

㉑ **体積百分率(vol%)から質量百分率(%)へ**

体積百分率(vol%)×溶質液体の密度(g/mL)×{100(g)×溶液の密度(g/mL)}÷100=質量百分率(%)

㉒ **体積百分率(vol%)から質量百万分率(ppm)へ**

体積百分率(vol%)×溶質液体の密度(g/mL)÷{100(mL)×溶液の密度(g/mL)}×1,000,000=質量百万分率(ppm)

㉓ **体積百分率(vol%)から質量十億分率(ppb)へ**

体積百分率(vol%)×1,000,000,000×溶質液体の密度(g/mL)×{1(g)×溶液の密度(g/mL)}÷100=質量十億分率(ppb)

㉔ **体積百分率(vol%)からモル濃度(mol/L)へ**

体積百分率(vol%)÷モル質量(g/mol)×溶質液体の密度(g/mL)×1,000(mL)÷100=モル濃度(mol/L)

㉕ **体積百分率(vol%)から質量対容量百分率(w/v%またはg/dL)へ**

体積百分率(vol%)×溶質液体の密度(g/mL)=質量対容量百分率(w/v%またはg/dL)

㉖ **質量対容量百分率(w/v%またはg/dL)から質量百分率(%)へ**

質量対容量百分率(w/v%またはg/dL)×溶液の密度(g/mL)＝質量百分率(%)

㉗ **質量対容量百分率(w/v%またはg/dL)から質量百万分率(ppm)へ**

質量対容量百分率(w/v%またはg/dL)×溶液の密度(g/mL)×10,000＝質量百万分率(ppm)

㉘ **質量対容量百分率(w/v%またはg/dL)から質量十億分率(ppb)へ**

質量対容量百分率(w/v%またはg/dL)×溶液の密度(g/mL)×10,000,000＝質量十億分率(ppb)

㉙ **質量対容量百分率(w/v%またはg/dL)から体積百分率(vol%)へ**

質量対容量百分率(w/v%またはg/dL)÷溶質液体の密度(g/mL)＝体積百分率(vol%)

㉚ **質量対容量百分率(w/v%またはg/dL)からモル濃度(mol/L)へ**

質量対容量百分率(w/v%またはg/dL)÷モル質量(g/mol)×1,000(mL)÷100＝モル濃度(mol/L)

実際の溶液について濃度単位の変換を理解する例として，図2.8にブドウ糖に関する単位の変換を示した．

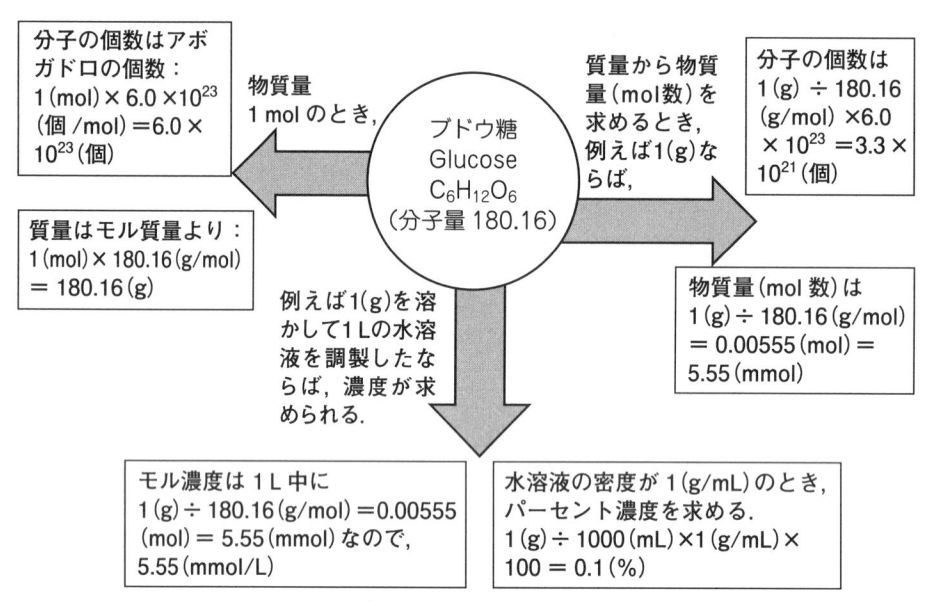

図2.8　ブドウ糖に関する単位の変換

中央：ブドウ糖 Glucose $C_6H_{12}O_6$（分子量 180.16）

左上（物質量1 molのとき，）：分子の個数はアボガドロの個数：$1(mol) \times 6.0 \times 10^{23}(個/mol) = 6.0 \times 10^{23}(個)$

左中：質量はモル質量より：$1(mol) \times 180.16(g/mol) = 180.16(g)$

右上（質量から物質量(mol数)を求めるとき，例えば1(g)ならば，）：分子の個数は $1(g) \div 180.16(g/mol) \times 6.0 \times 10^{23} = 3.3 \times 10^{21}(個)$

右中：物質量(mol数)は $1(g) \div 180.16(g/mol) = 0.00555(mol) = 5.55(mmol)$

下（例えば1(g)を溶かして1Lの水溶液を調製したならば，濃度が求められる．）

左下：モル濃度は1L中に $1(g) \div 180.16(g/mol) = 0.00555(mol) = 5.55(mmol)$ なので，5.55(mmol/L)

右下：水溶液の密度が1(g/mL)のとき，パーセント濃度を求める．$1(g) \div 1000(mL) \times 1(g/mL) \times 100 = 0.1(\%)$

7　臨床で用いられるw/v%，単位，力価，Eqについて

　図2.9のように，表示には「10％塩化ナトリウム注射液」であるが，実質的な濃度は20 mL中にNaCl 2.0 gを含んでいる．すなわち，10 w/v%である．このように臨床で用いられる輸液や注射剤などの製剤においては，名称として○○％を使っていても濃度単位はw/v%である例

が多い．

また第 1 章図 1.2 および図 1.3 に示したように，「力価」や「単位」で量を表すこともある．さらに，電解質溶液では，図 1.4 に示した mEq/L もよく使われる．

※※2005年 4 月改訂（____部、第 3 版、
薬事法改正に伴う改訂等）
※2003年11月改訂（____部）　0406

※※**処方せん医薬品**注）

日本薬局方
※**10% 塩化ナトリウム注射液**
大塚食塩注10%

※**貯法：**室温保存
使用期限：容器に表示の使用期限内に使用すること。
使用時及び保管：取扱い上の注意の項参照
※※注）注意－医師等の処方せんにより使用すること

※

日本標準商品分類番号	87 3311
承認番号	20100AMZ00757
薬価収載	薬価基準収載
販売開始	1990 年 7 月
再評価結果	1977 年 10 月

OTSUKA SODIUM CHLORIDE INJECTION 10%

※※**【組成・性状】**
※**1．組成**
本剤は、1 管（20mL）中に塩化ナトリウムを 2.0g（10%）含有する。
〈電解質組成〉　Na^+　34mEq/20mL
　　　　　　　Cl^-　34mEq/20mL

2．製剤の性状
本剤は、無色澄明の注射液である。
pH　約 6.3（製造直後の平均実測値）
　　5.3 ～ 7.3
浸透圧比　約 11（生理食塩液に対する比）

【効能・効果】
ナトリウム欠乏時の電解質補給

【用法・用量】
電解質補給の目的で、輸液剤などに添加して必要量を静脈内注射又は点滴静注する。

【取扱い上の注意】
包装内に水滴が認められるものや内容液が着色又は混濁しているものは使用しないこと。

【包装】
大塚食塩注10%　20mL　50 管　プラスチックアンプル入り

図 2.9　日本薬局方 10% 塩化ナトリウム注射液の電解質濃度

※※2010年 1 月改訂（____部、第 5 版）
※2009年 7 月改訂　1479

処方せん医薬品注）

日本薬局方　生理食塩液
大塚生食注

貯法：室温保存
使用期限：容器に表示の使用期限内に使用すること。
使用時及び保管：取扱い上の注意の項参照
注）注意－医師等の処方せんにより使用すること

日本標準商品分類番号　87 3311				
承認番号	14900AMZ00188			
大塚生食注	20mL 管	50mL 瓶	100mL 瓶	250mL 瓶
薬価収載	薬価基準収載	1988 年 7 月	薬価基準収載	1978 年 4 月
販売開始	1979 年 5 月	1990 年 7 月	1984 年 7 月	1984 年 8 月
再評価結果	1977 年 10 月			
大塚生食注	250mL 袋	500mL 瓶	500mL 瓶(細口)	500mL 瓶(広口)
薬価収載	1997 年 10 月	1967 年 9 月	1967 年 9 月	
販売開始	1992 年 10 月	1974 年 4 月	1975 年 1 月	1989 年 8 月
再評価結果	1977 年 10 月			
大塚生食注	500mL 袋	1000mL 瓶(細口)	1000mL 瓶(広口)	1000mL 袋
薬価収載	1987 年 10 月	1976 年 9 月		1987 年 10 月
販売開始	1989 年 10 月	1976 年 6 月	1984 年 7 月	1989 年 7 月
再評価結果	1977 年 10 月			

OTSUKA NORMAL SALINE

※**【組成・性状】**
1．組成
本剤は 1 容器中に次の成分を含有する注射液である。

成分＼1容器	20mL中	50mL中	100mL中	250mL中	500mL中	1000mL中
塩化ナトリウム	0.18g	0.45g	0.9g	2.25g	4.5g	9g

電解質濃度 mEq/L	
Na^+	Cl^-
154	154

2．製剤の性状
本剤は無色澄明の注射液である。

pH	
製造直後の平均実測値	規格値
約 6.3（プラスチックアンプル・ソフトバッグ）	4.5 ～ 8.0
約 6.0（50 ～ 250mL プラボトル）	
約 6.4（500 ～ 1000mL プラボトル）	

3．高齢者への投与
一般に高齢者では生理機能が低下しているので、投与速度を緩徐にし、減量するなど注意すること。

4．適用上の注意
(1) 調製時：注射剤の溶解・希釈液として使用する場合は、生理食塩液が適切であることを確認すること。
(2) 投与前：①投与に際しては、感染に対する配慮をすること（患者の皮膚や器具消毒）。
②寒冷期には体温程度に温めて使用すること。
③開封後直ちに使用し、残液は決して使用しないこと。
(3) 投与時：ゆっくり静脈内に投与すること。

【有効成分に関する理化学的知見】
一般名：塩化ナトリウム（Sodium Chloride）
分子式：NaCl
分子量：58.44
性　状：無色又は白色の結晶又は結晶性の粉末である。

図 2.10　日本薬局方生理食塩液添付文書における電解質濃度

例題 4　次の各問に答えよ．

問 1　臨床で輸液で用いる「X% ○○○」のような表示の製剤では，その濃度は X w/v% を示す．製剤の 5% ブドウ糖液 100 mL 中にブドウ糖は何 g 含まれるか．また，製剤の 10% ブドウ糖液 500 mL 中にブドウ糖は何 g 含まれるか．

問 2　製剤としてブドウ糖 36 g を水に溶解して 1 L のブドウ糖液を調製した．% 濃度およびモル濃度を求めよ．ブドウ糖の分子量は 180 とする．

問 3　1 筒 3 mL 中に 300 単位含有しているインスリン製剤（糖尿病治療薬）がある．10 単位を抜き取り投与したい．何 mL 投与すればよいか．

問 4　抗菌薬ホスホマイシン静注用 2 g（力価）中に含まれるナトリウムの量を計算せよ．ただし，各分子量は，ホスホマイシンナトリウム（$C_3H_5Na_2O_4P$）: 182，ナトリウム（Na）: 23，水素（H）: 1 とする．

販　売　名		ホスミシン S 静注用 0.5 g	ホスミシン S 静注用 1 g	ホスミシン S 静注用 2 g
有効成分	ホスホマイシンナトリウム	500 mg（力価）	1 g（力価）	2 g（力価）
添加物	無水クエン酸			

図 2.11　ホスミシン S 静注用添付文書
(Meiji Seika ファルマ株式会社)

解答　**問 1**　製剤としての 5% ブドウ糖液とは 100 g ではなく 100 mL 中にブドウ糖が 5 g，10% ブドウ糖液 500 mL 中には 50 g のブドウ糖が含まれることを意味している．

問 2　$\dfrac{36.0\,(\mathrm{g})}{1000\,(\mathrm{mL})} \times 100 = 3.60$ w/v% となるが，製剤としては 3.60% で表示する．

モル濃度は溶液 1 L 中に溶けている溶質のモル数を表すので，

$$\dfrac{36.0\,(\mathrm{g})}{180\,(\mathrm{g/mol})} = 0.20\,(\mathrm{mol}) = 200\,\mathrm{mmol}$$

0.20 mol/L あるいは 200 mmol/L となる．

問 3　$3\,(\mathrm{mL}) \times \dfrac{10\,(単位)}{300\,(単位)} = 0.1\,\mathrm{mL}$

問 4　ホスホマイシンナトリウムは 2 価のナトリウム塩として製剤化されている．力価は

ホスホマイシンとしての質量を示す．ホスホマイシンナトリウムの分子量が 182 なので，ホスホマイシンの分子量は，182 − (23 × 2) + (1 × 2) = 138 になる．ホスホマイシンをホスホマイシンナトリウムに換算すると

$$2\,(\mathrm{g}) \times \frac{182\,(\mathrm{g/mol})}{138\,(\mathrm{g/mol})} = 2.64\,\mathrm{g}$$

これよりホスホマイシンナトリウム中のナトリウム量を求めると，

$$2.64\,(\mathrm{g}) \times \frac{23\,(\mathrm{g/mol}) \times 2}{182\,(\mathrm{g/mol})} = 0.667\,(\mathrm{g}) = 667\,\mathrm{mg}$$

3 溶液の希釈と混合について学ぶ

　所望の濃度の溶液をつくる（調製する）とき，① 純粋な固体や液体に溶媒を加えて調製，② 濃い溶液を溶媒を加えることにより薄めて（希釈して）調製，③ 濃さの違う複数の溶液を混ぜて（混合して）調製する．本章では，希釈と濃度の関係，ならびに混合と濃度の関係を充分理解して，溶液をつくる際に任意の濃度を正しく調製できるようにしよう．溶液を薄めたり混合したりする際には，質量を量って行うこともあるが，メスシリンダーなどの化学用体積計を使って調製することが多く，必要に応じて，密度あるいは比重を考慮に入れて，質量と体積の変換を行う．ただし，密度が 1 g/mL（あるいは比重が 1）に近い溶液では，1 g = 1 mL とみなして希釈と混合が行われている．

1　溶液の希釈

モル濃度の溶液の希釈について 1 例を，図 3.1 に示した．

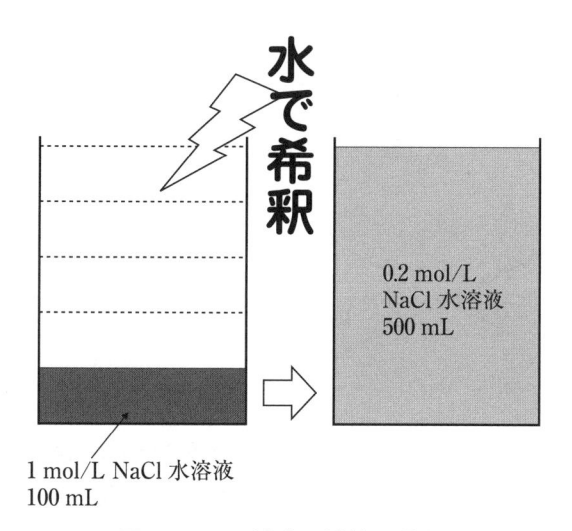

図 3.1　モル濃度の溶液の希釈

例題 1　次の各問に答えよ．

問 1　12 mol/L の濃硝酸 25 mL に水を加えて 500 mL にした．もとの濃硝酸は何倍に希釈されたか．希釈後の硝酸のモル濃度（mol/L）はいくらか．

問 2　85％ リン酸（密度 1.69，分子量：98.0）を水で希釈して，0.2 mol/L リン酸を調製するにはどのようにすればよいか．

問 3　70.0％ 硝酸（密度 1.42，式量：63.0）を水で希釈して，5.8 mol/L 硝酸を調製するにはどのようにすればよいか．

問 4　28％ アンモニア水（密度：0.90，NH_3：17.0）を水で希釈して，0.5 mol/L アンモニア水を調製するにはどのようにすればよいか．

問 5　36.5％ 塩酸（密度 1.18，HCl：36.5）を水で希釈して，3.8 mol/L 塩酸を調製するにはどのようにすればよいか．

問 6　0.50 mol/L ブドウ糖水溶液を水を用いて希釈し，0.15 mol/L ブドウ糖水溶液を 500 mL 作成したい．どのように調製すればよいか．

解答

問 1
$$\frac{25\,(\mathrm{mL})}{500\,(\mathrm{mL})} = \frac{1}{20}$$

20 倍に希釈された．希釈後のモル濃度は

$$12\,(\mathrm{mol/L}) \times \frac{1}{20} = 0.6\,\mathrm{mol/L}$$

問 2　まず，1000 mL 中に含まれているリン酸の物質量を求めると，

$$\frac{1000\,(\mathrm{mL}) \times 1.69\,(\mathrm{g/mL}) \times (85/100)}{98.0\,(\mathrm{g/mol})} = 14.7\,\mathrm{mol}$$

1 L 中に 14.7 mol のリン酸が含まれているから濃度は 14.7 mol/L となる．

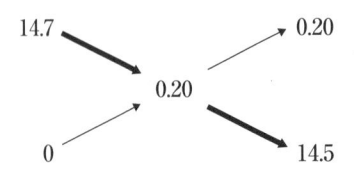

```
14.7 ─────────→ 0.20
         ╲   ╱
          0.20
         ╱   ╲
  0  ─────────→ 14.5
```

85％ すなわち 14.7 mol/L リン酸 0.2 mL と水 14.5 mL を混和する．あるいは，85％ すなわち 14.7 mol/L リン酸 2.0 mL と水 145 mL を混和するでもよい．

第3章　溶液の希釈と混合について学ぶ

問3　まず，1000 mL 中に含まれている硝酸の物質量を求めると，

$$\frac{1000\,(\mathrm{mL}) \times 1.42\,(\mathrm{g/mL}) \times (70/100)}{63.0\,(\mathrm{g/mol})} = 15.8\ \mathrm{mol}$$

1 L 中に 15.8 mol の硝酸が含まれているから濃度は 15.8 mol/L となる．

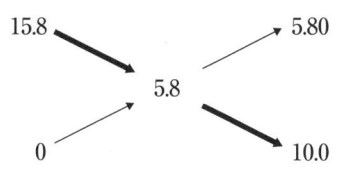

```
15.8            5.80
    ↘         ↗
      5.8
    ↗         ↘
  0            10.0
```

70.0％ すなわち 15.8 mol/L 硝酸 5.8 mL と水 10.0 mL を混和する．あるいは，70.0％ すなわち 15.8 mol/L 硝酸 58 mL と水 100 mL を混和するでもよい．

問4　まず，1000 mL 中に含まれているアンモニアの物質量を求めると，

$$\frac{1000\,(\mathrm{mL}) \times 0.90\,(\mathrm{g/mL}) \times (28/100)}{17.0\,(\mathrm{g/mol})} = 14.8\ \mathrm{mol}$$

1 L 中に 14.8 mol のアンモニアが含まれているから濃度は 14.8 mol/L となる．

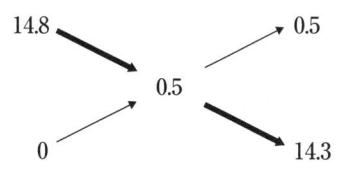

```
14.8            0.5
    ↘         ↗
      0.5
    ↗         ↘
  0            14.3
```

28％ すなわち 14.8 mol/L アンモニア水 0.5 mL と水 14.3 mL を混和する．あるいは，28％ すなわち 14.8 mol/L アンモニア水 10 mL と水 286 mL を混和するでもよい．

問5　まず，1000 mL 中に含まれている塩酸の物質量を求めると，

$$\frac{1000\,(\mathrm{mL}) \times 1.18\,(\mathrm{g/mL}) \times (36.5/100)}{36.5\,(\mathrm{g/mol})} = 11.8\ \mathrm{mol}$$

1 L 中に 11.8 mol の塩酸が含まれているから，その濃度は 11.8 mol/L となる．

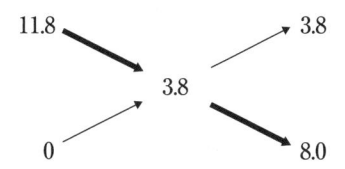

```
11.8            3.8
    ↘         ↗
      3.8
    ↗         ↘
  0            8.0
```

36.5％ すなわち 11.8 mol/L 塩酸 3.8 mL と水 8.0 mL を混和する．あるいは，36.5％ すなわち 11.8 mol/L 塩酸 19 mL と水 40 mL を混和するでもよい．

問6 0.15 mol/Lのブドウ糖水溶液500 mL中に存在するブドウ糖の物質量は0.15(mol/L) × 0.5(L) = 0.075 molとなる.

そこで，0.50 mol/Lブドウ糖水溶液を X(L) 採取したときに0.075 molあればよいから，

$$X(\text{L}) \times 0.50(\text{mol/L}) = 0.075(\text{mol}) \quad \text{ゆえに} \quad X = 0.15 \text{ L} = 150 \text{ mL}$$

0.50 mol/Lブドウ糖水溶液を150 mL採取し，水を加えて500 mLとし，よく混ぜる.

質量百分率濃度の溶液の希釈について1例を，図3.2に示した．密度1.2 g/mLの例（図3.2）では，2.0%の食塩水500 mLを濃い26%の食塩水を薄めてつくることを想定している．26%の食塩水をどのくらい計り取ればよいか，計算してみよう．

計り取る量を x(mL) として，NaClの量が等しくなるように式を立てよう．

$$x(\text{mL}) \times 1.2(\text{g/mL}) \times \frac{26}{100} = 500(\text{mL}) \times 1.0(\text{g/mL}) \times \frac{2}{100}$$

$$x(\text{mL}) = 32.1 \text{ mL}$$

濃い濃度から薄い濃度への変更が必要なとき，例えば96%硫酸40 gを水で希釈して40%硫酸をつくりたいとき，必要な水の量は，次のようになる．硫酸の純度が96%だから40(g) × 96/100 = 38.4 gの硫酸が存在している．加える水の量を X (g) として

$$(40 + X)(\text{g}) \times \frac{40}{100} = 38.4(\text{g})$$

これより X を求めると加える水の量は56 g，あるいは水の密度を1(g/mL) とすれば56 mL.

質量対容量百分率濃度の溶液の希釈について1例を，図3.3に示した．

NaClの量：
0.26 × 1.2(g/mL) × 32.1(mL)
= 10.0(g)

NaClの量：
0.02 × 1.0(g/mL) × 500(mL)
= 10.0(g)

26% NaCl水溶液
（密度 1.2 g/mL）
32.1 mL

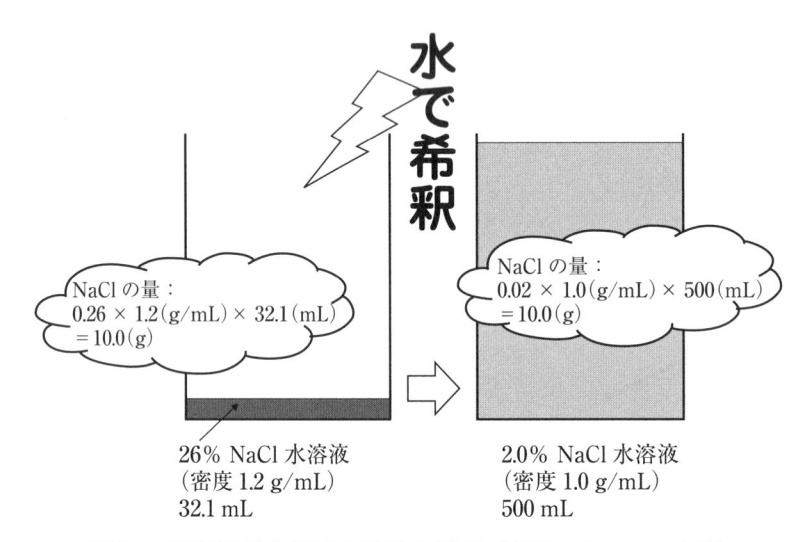

2.0% NaCl水溶液
（密度 1.0 g/mL）
500 mL

図 3.2　質量百分率濃度の溶液の希釈（密度 1.2 g/mL の例）

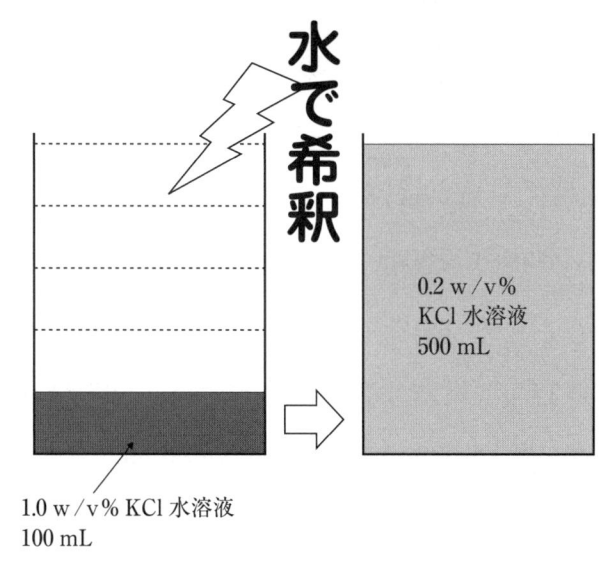

第3章 溶液の希釈と混合について学ぶ

図 3.3 質量対容量百分率濃度の溶液の希釈

例題 2 次の各問に答えよ．

問 1 250 g のブドウ糖溶液がある．これに水 350 g を加えるとブドウ糖溶液の濃度は 2.5 % になった．最初のブドウ糖溶液の濃度は何% か．

問 2 5 w/v% クロルヘキシジングルコン酸塩を用いて 0.2 w/v% 希釈液を 1000 mL つくるのに必要な薬液量は何 mL か．

問 3 6% 次亜塩素酸ナトリウム溶液を用いて 200 ppm の希釈液を 1 L 調製するにはどうしたらよいか

問 4 6% 次亜塩素酸ナトリウムを用いて 0.02% 希釈液を 5 L 調製する方法を述べよ．

解答 **問 1** ブドウ糖の質量に変化はないので，最初のブドウ糖溶液の濃度を X% とすると，

$$250\,(\text{g}) \times \frac{X}{100} = (250 + 350)\,(\text{g}) \times \frac{2.5}{100}$$

$X = 6.0$% となる．
あるいは，250 g が希釈されて全量 (250 + 350) = 600 g になった結果の濃度が 2.5% なのだから，元の液の濃度は，

$$2.5\,(\%) \times \frac{600\,(\text{g})}{250\,(\text{g})} = 6.0\,\%$$

問2 0.2 w/v% の希釈液 1000 mL 中に，溶質は 2.0 g 入っている．

$$1000(\mathrm{mL}) \times \frac{0.2(\mathrm{g})}{100(\mathrm{mL})} = 2.0 \mathrm{~g}$$

5 w/v% クロルヘキシジングルコン酸塩から必要な容量（mL）を X とすると，

$$\frac{5.0(\mathrm{g})}{100(\mathrm{mL})} \times X(\mathrm{mL}) = 2.0(\mathrm{g})$$

これを解いて 40 mL を得る．

問3 200 ppm を % 表示にする．
6% 溶液を X(mL) 使うとして，溶質の希釈前後での質量変化はないので，

$$\frac{6.0(\mathrm{g})}{100(\mathrm{mL})} \times X(\mathrm{mL}) = \frac{0.02(\mathrm{g})}{100(\mathrm{mL})} \times 1000(\mathrm{mL})$$

これより，$X = 3.33$ mL を得る．したがって，6% 溶液 3.33 mL をとり，水を加えて 1 L（= 1000 mL）とし，よく混和する．

問4 希釈後の 0.02% 溶液 5 L に存在する溶質と 6% 溶液を X(mL) に含まれている溶質質量は同じだから，

$$\frac{6.0(\mathrm{g})}{100(\mathrm{mL})} \times X(\mathrm{mL}) = \frac{0.02(\mathrm{g})}{100(\mathrm{mL})} \times 5000(\mathrm{mL})$$

これより，$X = 16.7$ mL を得る．したがって，6% 溶液 16.7 mL をとり，水を加えて 5 L（= 5000 mL）とし，よく混和する．

❷ 溶液の混合

前述の希釈も濃い溶液と水の混合である．濃い溶液と薄い溶液を混合して，両者の間の濃度を調製することもある．

例として 15.0% 硫酸 400 g と 50.0% 硫酸 100 g を混合した時，得られた硫酸の濃度（x%）を求めてみよう．

$$\frac{\frac{15.0}{100} \times 400(\mathrm{g}) + \frac{50.0}{100} \times 100(\mathrm{g})}{500(\mathrm{g})} = \frac{x}{100}$$

$$x = 22.0$$

得られた硫酸は，22.0% となる．
ここで混合した液の体積を調べてみよう．

15.0% 硫酸 400 g の体積：15% 硫酸は密度 1.10 g/mL であるので，$\dfrac{400(\mathrm{g})}{1.1(\mathrm{g/mL})} = 364$ mL

50.0% 硫酸100 gの体積：15% 硫酸は密度1.40 g/mLであるので，$\dfrac{100\,(\text{g})}{1.4\,(\text{g/mL})} = 71.4$ mL

得られた硫酸は，22.0% 硫酸（密度1.15 g/mL）500 gであり，その体積は435.4 mLである．

❸ 臨床で利用される希釈と混合

1）次亜塩素酸ナトリウムの希釈

漂白剤や殺菌剤として市販されている次亜塩素酸ナトリウムは6%の製剤が主流であり，臨床の現場では必要な濃度に希釈して使用する．

表 3.1 次亜塩素酸ナトリウムの希釈と用途

	希釈後の次亜塩素酸ナトリウム濃度		
	医療器具の消毒	漂白を兼ねた消毒	ウイルス対策
	0.02% （300倍）	0.03% （200倍）	0.1% （60倍）
水の量	6%次亜塩素酸ナトリウム原液の量		
1 L	3.3 mL	5 mL	16.7 mL

例題 3 次の各問に答えよ．

問1 6%次亜塩素酸ナトリウム溶液を用いてウイルス対策用に60倍希釈液を1 L調製するにはどうしたらよいか．

問2 10%次亜塩素酸ナトリウムを用いて0.5%希釈液を30 L調製する方法を述べよ．

解答 問1 希釈後の濃度は，6(%)/60 = 0.1% になる．6% 溶液を X(mL) 使うとして，溶質の希釈前後での質量変化はないので，

$$\dfrac{6.0\,(\text{g})}{100\,(\text{mL})} \times X\,(\text{mL}) = \dfrac{0.1\,(\text{g})}{100\,(\text{mL})} \times 1000\,(\text{mL})$$

これより，$X = 16.7$ mL を得る．したがって，6% 溶液16.7 mLをとり，水を加えて1 L（= 1000 mL）とし，よく混和する．

問2 希釈前後の溶質の質量変化はないので，10% 溶液を X(mL) とるとして，

$$\frac{10.0\,(\mathrm{g})}{100\,(\mathrm{mL})} \times X\,(\mathrm{mL}) = \frac{0.5\,(\mathrm{g})}{100\,(\mathrm{mL})} \times 30{,}000\,(\mathrm{mL})$$

これより，$X = 1500$ mL を得る．したがって，10％溶液 1500 mL（= 1.5 L）をとり，水を加えて 30 L（= 30,000 mL）とし，よく混和する．

2）塩化カリウムの濃度

カリウムイオンを高濃度で急速投与をすると，高カリウム血症となり不整脈を生じることがあるため，臨床では所定の濃度に希釈してから投与する．添付文書上，カリウムイオン濃度として 40 mEq/L 以下に希釈した後に投与することが記載されている．また，投与速度はカリウムイオンとして 20 mEq/hr を超えないこと，カリウムイオンとしての投与量は 1 日 100 mEq を超えないことも注意が必要である．

例題 4 次の各問に答えよ．

問 1 1 筒 20 mEq/20 mL の塩化カリウム注射液（図 3.4）を生理食塩液に希釈して投与したい．40 mEq/L 以下の濃度にするにはどのように調製する必要があるか．

問 2 生理食塩液 500 mL と 5％ブドウ糖液 500 mL を混合させた．Na^+ として何 mEq/L となるか．ただし，原子量や分子量は Na：23，Cl：35.5，ブドウ糖（$C_6H_{12}O_6$）：180 とする．

問 3 生理食塩液 2000 mL，5％ブドウ糖液 1000 mL，10％ブドウ糖液 500 mL を投与したい．塩化ナトリウムとして何グラム投与することになるか．Na^+ として何 mEq/L となるか．各原子量は Na：23，Cl：35.5 とする．

解答　問 1 20 mEq/20 mL を 1 (L) 当たりに換算するために分母分子を 50 倍にすると

$$\frac{20\,(\mathrm{mEq}) \times 50}{20\,(\mathrm{mL}) \times 50} = \frac{1000\,(\mathrm{mEq})}{1000\,(\mathrm{mL})} = \frac{1000\,(\mathrm{mEq})}{1\,(\mathrm{L})}$$

1000 mEq/L（補正用 1 モル）になる．40 mEq/L 以下と指示されているから，

$$\frac{1000\,(\mathrm{mEq/L})}{40\,(\mathrm{mEq/L})} = 25$$

25 倍に希釈すればよい．

1 筒 20 mL に生理食塩水を 480 mL（全体で 500 mL）以上加えて混和する．

あるいは，塩化カリウムの希釈前後の質量変化はないので，40 mEq/L の体積を X mL とすれば，

$$\frac{1000\,(\mathrm{mEq})}{1000\,(\mathrm{mL})} \times 20\,(\mathrm{mL}) = \frac{40\,(\mathrm{mEq})}{1000\,(\mathrm{mL})} \times X\,(\mathrm{mL})$$

＊＊2008年 8月改訂（第3版，日局第15改正等に伴う改訂）
＊2008年 2月改訂

貯　法	遮光・室温保存
使用期限	容器，外箱に表示
注　意	取扱い上の注意の項参照

日本標準商品分類番号
873319

	KCL注キット	
	10mEq	20mEq
承認番号	21800AMX10627	21800AMX10628
薬価収載	2006年12月	
販売開始	**2006年12月**	

補正用1モル塩化カリウム液

処方せん医薬品注）**KCL注10mEqキット「テルモ」**
KCL Injection 10mEq Kit

処方せん医薬品注）**KCL注20mEqキット「テルモ」**
KCL Injection 20mEq Kit

【組成・性状】

〈成分・分量〉　　1キット中

		KCL注10mEqキット「テルモ」	KCL注20mEqキット「テルモ」
有効成分	塩化カリウム	0.7455g	1.491g
＊＊添加物	リボフラビンリン酸エステルナトリウム（着色剤）	0.003 g	0.006g

〈電解質量〉　　1キット中

		KCL注10mEqキット「テルモ」	KCL注20mEqキット「テルモ」
電解質	K^+	10mEq	20mEq
	Cl^-	10mEq	20mEq

〈性状〉

性状	黄色澄明の液である．
pH	5.0～6.5
浸透圧比	約6（生理食塩液に対する比）

【効能又は効果】
電解質補液の電解質補正

【用法及び用量】
電解質補液の補正用として，体内の水分，電解質の不足に応じて電解質補液に添加して点滴静脈内注射するか，腹膜透析液に添加して腹腔内投与する．（「操作方法」の項参照）

〈用法及び用量に関連する使用上の注意〉
(1)本剤は電解質の補正用製剤であるため，必ず希釈して使用すること（カリウムイオン濃度として40mEq/L以下に必ず希釈し，十分に混和した後に投与すること）．
(2)ゆっくり静脈内に投与し，投与速度はカリウムイオンとして20mEq/hrを超えないこと．
(3)カリウムイオンとしての投与量は1日100mEqを超えないこと．

(2)投与前
着色剤として含有するリボフラビンリン酸エステルナトリウムは光に対して不安定で，分解すると退色あるいは沈殿を起こすので，外観に変化が見られた場合は使用しないこと．
(3)調製方法
添加したリボフラビンリン酸エステルナトリウムの着色を目安として均一に希釈して使用すること．
(4)調製時
ブリスター包装開封後は速やかに使用すること．

【有効成分に関する理化学的知見】
一般名：塩化カリウム
分子式：KCl
分子量：74.55
性　状：無色又は白色の結晶又は結晶性の粉末で，においはなく，味は塩辛い．水に溶けやすく，エタノール(95)又はジエチルエーテルにほとんど溶けない．水溶液(1→10)は中性である．

【取扱い上の注意】
- 必ず，専用針を用いて輸液剤等に混ぜて使用すること．
- 本剤は輸液セットの三方活栓や側管（ト字管等）から直接静注しないこと．
- 本剤はシリンジポンプでは使用しないこと．
- ブリスター包装は使用時まで開封しないこと．
- ブリスター包装は開封口から静かに開けること．
- ブリスター包装から取り出す際，押子を持って無理に引き出さないこと．ガスケットが変形し，薬液が漏出するおそれがある．
- シリンジ及び専用針が破損するおそれがあるため，強い衝撃を避けること．
- シリンジ及び専用針に破損等の異常が認められるときは使用しないこと．
- 内容液が漏れている場合や，内容液に混濁や浮遊物等の異常が認められるときは使用しないこと．
- 開封後の使用は1回限りとし，使用後の残液は容器とともに速やかに廃棄すること．

図3.4　補正用モル塩化カリウム液の電解質濃度
化学式はKClであるが，名称としてKCL注となっている．

$X = 500$ mLを得る．1筒20 mLに対して生理食塩水を480 mL以上加えて混和する．点滴する投与速度はカリウムイオンとして20 mEq/hrを超えないこととされているので，1時間以上かけて点滴する．

問2　生理食塩液は0.9％であるから500 mL中には

$$500(\text{mL}) \times \frac{0.9(\text{g})}{100(\text{mL})} = 4.5\ \text{g}$$

4.5 gのNaClが含まれている．そのNaClは $NaCl \longrightarrow Na^+ + Cl^-$ と完全電離し，Na^+ と Cl^- それぞれ等モル生じる．

$$\frac{4.5(\text{g})}{23(\text{g/mol}) + 35.5(\text{g/mol})} = 0.0769(\text{mol}) = 76.9\ \text{mmol}$$

合計1000 mLの混合溶液ができているが，存在するNaClの質量に変化はないから，Na$^+$として76.9 mmol/L × 1 = 77 mEq/Lとなる．

問3 生理食塩液は0.9%であるから2000 mL中には

$$2000(\mathrm{mL}) \times \frac{0.9(\mathrm{g})}{100(\mathrm{mL})} = 18.0 \text{ g}$$

18.0 gのNaClが含まれている．

そのNaClはNaCl ⟶ Na$^+$ + Cl$^-$と完全電離し，Na$^+$とCl$^-$それぞれ等モル生じる．

$$\frac{18.0(\mathrm{g})}{23(\mathrm{g/mol}) + 35.5(\mathrm{g/mol})} = 0.308(\mathrm{mol}) = 308 \text{ mmol}$$

3種の溶液合計3500 mLに308 mmolが存在し，Na$^+$は1価であることを考えて，

$$\frac{308(\mathrm{mmol}) \times 1}{3.5(\mathrm{L})} = 88 \text{ mEq/L}$$

4 溶液の調製を学ぶ

　日本薬局方に準拠する溶液の調製方法を学ぶに先だって，日本薬局方における記載の例を確認しよう（図 4.1）．

日本薬局方　一般試験法
試薬・試液

［希硫酸：硫酸 5.7 mL を水 10 mL に注意しながら
加え，冷後，水を加えて 100 mL とする．］

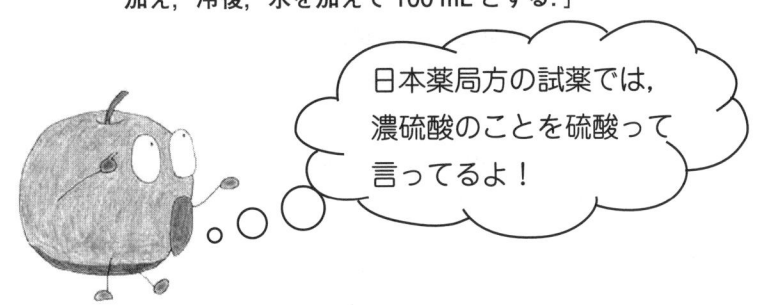

日本薬局方の試薬では，濃硫酸のことを硫酸って言ってるよ！

図 4.1　日本薬局方の試薬・試液の例

1）固体試薬を水に溶かす例

　0.1 mol/L 塩化バリウム液の調製：塩化バリウム二水和物 24.5 g を水に溶かし，1000 mL とする．

2）固体試薬を非水溶媒（メタノールとベンゼンの混合溶媒）に溶かす例

　0.1 mol/L ナトリウムメトキシド液：ナトリウムの新しい切片 2.5 g を氷冷したメタノール 150 mL 中に少量ずつ加えて溶かした後，ベンゼンを加えて 1000 mL とする．

3）液体試薬を水で希釈する例

1 mol/L 塩酸の調製：塩酸 90 mL に水を加えて 1000 mL とする．

なお，このとき使う塩酸は，試薬の項で［JIS 試薬　K 8180，特級］と規定されているので，含量 35.0 ～ 37.0% の塩酸である．

4）液体試薬を水で希釈する例（10 倍容量とする例）

0.01 mol/L 硝酸銀液の調製：用時 0.1 mol/L 硝酸銀液に水を加えて正確に 10 倍容量とする．

なお，このとき使う 0.1 mol/L 硝酸銀液は，硝酸銀 17.0 g を水に溶かし，1000 mL として調製した容量分析用標準液である．

5）複数の医薬品を水に溶かす例（注射液の例）

複方オキシコドン・アトロピン注射液：

オキシコドン塩酸塩水和物	8 g
ヒドロコタルニン塩酸塩水和物	2 g
アトロピン硫酸塩水和物	0.3 g
注射用水または注射用水（容器入り）	適量
全量	1000 mL

例題 1　次の溶液は日本薬局方一般試験法，試薬・試液の項に記載されている試液の調製法である．調製された試液の濃度を質量百分率（%），質量対容量百分率（w/v%）およびモル濃度（mol/L）で示せ．

> 希塩酸：塩酸 23.6 mL に水を加えて 100 mL とする．

希塩酸の調製方法は，塩酸 23.6 mL をメスフラスコに入れ，水を加えて全量を 100 mL にし，よく混ぜる．ただし，塩酸の濃度は 36.5%，密度は 1.18（g/mL），式量を 36.5 とする．

解答　塩酸 23.6 mL 中には，溶質（g）が 23.6（mL）× 1.18（g/mL）×（36.5/100）相当存在する．塩酸 23.6 mL の溶液（g）は 23.6（mL）× 1.18（g/mL）に換算され，さらに溶媒としての水（密度 1（g/mL））が（100 − 23.6）g 加わったから，

$$\frac{23.6(\mathrm{mL}) \times 1.18(\mathrm{g/mL}) \times (36.5/100)}{23.6(\mathrm{mL}) \times 1.18(\mathrm{g/mL}) + (100 - 23.6)(\mathrm{mL}) \times 1(\mathrm{g/mL})} \times 100 = 9.75\%$$

質量対容量百分率濃度は溶液 100 mL 中に溶質が何 g 含まれているかであるから

$$\frac{23.6(\mathrm{mL}) \times 1.18(\mathrm{g/mL}) \times (36.5/100)}{100(\mathrm{mL})} \times 100 = 10.2 \text{ w/v\%}$$

モル濃度を考えるには，まず 23.6(mL)×1.18(g/mL)×(36.5/100) の溶質（g）を物質量に換算するために塩酸の式量で除する．すなわち 23.6(mL)×1.18(g/mL)×(36.5/100)÷36.5(g/mol) となる．さらに 1000 mL 中の存在する mol 数に換算する必要がある．

$$\frac{23.6(\mathrm{mL}) \times 1.18(\mathrm{g/mL}) \times (36.5/100)}{36.5(\mathrm{g/mol})} \times \frac{1000(\mathrm{mL})}{100(\mathrm{mL})} = 2.78 \text{ mol}$$

したがって，求めるモル濃度は 2.78 mol/L．

例題 2 日本薬局方で希アンモニア水の調製方法を調べたら，強アンモニア水 400 mL に水を加えて 1000 mL とすると記載されていた．ただし，強アンモニア水の濃度が 28%，密度が 0.9 (g/mL)，アンモニアの分子量 17 として，でき上がった希アンモニア水の濃度を，質量百分率（%），質量対容量百分率（w/v%），およびモル濃度（mol/L）で示せ．

解答 濃度は溶質が溶液中にどれだけの割合で存在しているかを示す．その溶液が 400 mL でも 1000 mL でもその割合は同じであるから，1000 mL 中での割合を考えればよい．

$$\frac{400(\mathrm{mL}) \times 0.9(\mathrm{g/mL}) \times (28/100)}{400(\mathrm{mL}) \times 0.9(\mathrm{g/mL}) + (1000-400)(\mathrm{mL}) \times 1(\mathrm{g/mL})} \times 100 = 10.5\%$$

質量対容量百分率（w/v%）は，溶液（mL）中に存在する溶質（g）の割合であるから，

$$\frac{400(\mathrm{mL}) \times 0.9(\mathrm{g/mL}) \times (28/100)}{1000(\mathrm{mL})} \times 100 = 10.1 \text{ w/v\%}$$

溶質（g）を分子量で除すると mol に換算される．

$$\frac{400(\mathrm{mL}) \times 0.9(\mathrm{g/mL}) \times (28/100)}{17(\mathrm{g/mol})} = 5.93 \text{ mol}$$

ちょうどこの 5.93 mol が 1000 mL に存在しているので，5.93 mol/L．

例題 3 希硫酸：硫酸 5.7 mL を水 10 mL に加え，冷後，水を加えて 100 mL とする．
この記載から希硫酸の濃度を質量百分率（%），質量対容量百分率（w/v%），およびモル濃度（mol/L）で示せ．ただし，硫酸は 96%，密度 1.84 (g/mL)，式量 98.0 とする．

解答

$$\frac{5.7(\mathrm{mL}) \times 1.84(\mathrm{g/mL}) \times (96/100)}{5.7(\mathrm{mL}) \times 1.84(\mathrm{g/mL}) + (100-5.7)(\mathrm{g})} \times 100 = 9.61\%$$

$$\frac{5.7(\mathrm{mL}) \times 1.84(\mathrm{g/mL}) \times (96/100)}{100(\mathrm{mL})} \times 100 = 10.1 \text{ w/v\%}$$

$$\frac{5.7(\mathrm{mL}) \times 1.84(\mathrm{g/mL}) \times (96/100)}{98(\mathrm{g/mol})} \times \frac{1000(\mathrm{mL})}{100(\mathrm{mL})} = 1.03 \text{ mol}$$

したがって，1.03 mol/L

硫酸と水の混和では，発熱や酸化作用の影響が大きいので，入れ方が不適切だと，やけどや飛散した場所の衣服に穴が開いたりするので，冷やしながら作成する．

例題 4　希硝酸：硝酸 10.5 mL に水を加えて 100 mL とする．

この記載から希硝酸の濃度を質量百分率（％），質量対容量百分率（w/v%），およびモル濃度（mol/L）で示せ．ただし，硝酸は 71%，密度 1.42（g/mL），式量 63.0 とする．

解答

$$\frac{10.5(\text{mL}) \times 1.42(\text{g/mL}) \times (70/100)}{10.5(\text{mL}) \times 1.42(\text{g/mL}) + (100 - 10.5)(\text{g}) \times 1(\text{g/mL})} \times 100 = 10.0\%$$

$$\frac{10.5(\text{mL}) \times 1.42(\text{g/mL}) \times (70/100)}{100(\text{mL})} \times 100 = 10.4 \text{ w/v}\%$$

$$\frac{10.5(\text{mL}) \times 1.42(\text{g/mL}) \times (70/100)}{63(\text{g/mol})} \times \frac{1000(\text{mL})}{100(\text{mL})} = 1.66 \text{ mol}$$

1000 mL 中の存在量だから　1.66 mol/L．

5 指数，対数の計算をする

1 指数法則を復習し，計算してみよう

　計算においては加減乗除の四則計算（図5.1，図5.2，図5.3）の重要性はいうまでもない．計算機に頼らずに暗算で解く練習を行うと計算力向上につながる．本章では日常生活では触れることの少ない指数と対数の計算を学ぼう．

　a を n 個かけあわせるとき a の n 乗といい，a^n と表す．$\underbrace{a \times a \times a \times \cdots \times a \times a}_{n個} = a^n$ であり，n を a の指数という．

　m，n が正の整数の場合，つぎの 1) ～ 4) の指数法則が成り立つ．

---

1) 指数法則 その1　　$a^m \times a^n = a^{(m+n)}$

　例1　$a^3 \times a^4 = a^{(3+4)} = a^7$　　　例2　$2^3 \times 2^4 = 2^{(3+4)} = 2^7 = 128$

2) 指数法則 その2　　$(a^m)^n = a^{m \times n} = a^{mn}$

　例3　$(a^3)^4 = a^{(3 \times 4)} = a^{12}$　　　例4　$(2^3)^4 = 2^{(3 \times 4)} = 2^{12} = 4096$

3) 指数法則 その3　　$(ab)^n = a^n \times b^n = a^n b^n$

　例5　$(ab)^3 = a^3 \times b^3 = a^3 b^3$　　　例6　$(2 \times 4)^3 = 2^3 \times 4^3 = 8 \times 64 = 512$

4) 指数法則 その4　　$a^0 = 1$，$a^{-n} = \dfrac{1}{a^n}$　　（ただし，$a \neq 0$，n が正の整数）

　指数が0や負の整数の場合はどうなるのか，考えてみよう．

　$10^1 = 10$，$10^2 = 100$，$10^3 = 1000$，$10^4 = 10000$，$10^5 = 100000$ である．指数が1増加するごとに，10倍になり，指数が1減少するに従い，$\dfrac{1}{10}$ 倍になる．この規則は指数が0や負の整数のときも成り立つ．

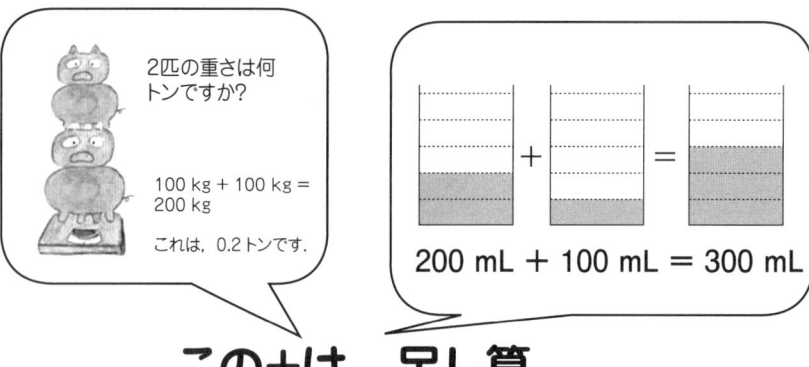

56　第5章　指数，対数の計算をする

この＋は，足し算

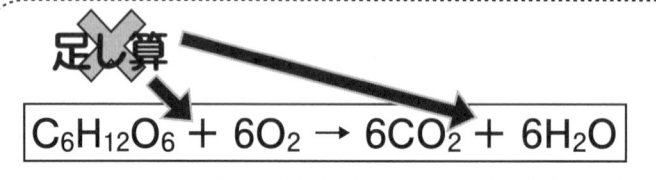

2匹の重さは何トンですか?

100 kg + 100 kg = 200 kg

これは，0.2トンです．

200 mL + 100 mL = 300 mL

足し算 ✗

$$C_6H_{12}O_6 + 6O_2 \rightarrow 6CO_2 + 6H_2O$$

グルコース（$C_6H_{11}O_6$）と酸素（O_2）が1粒：6粒の割合で反応して，二酸化炭素（CO_2）と水（H_2O）が6粒：6粒の割合で生じることを示している．

図 5.1　足し算

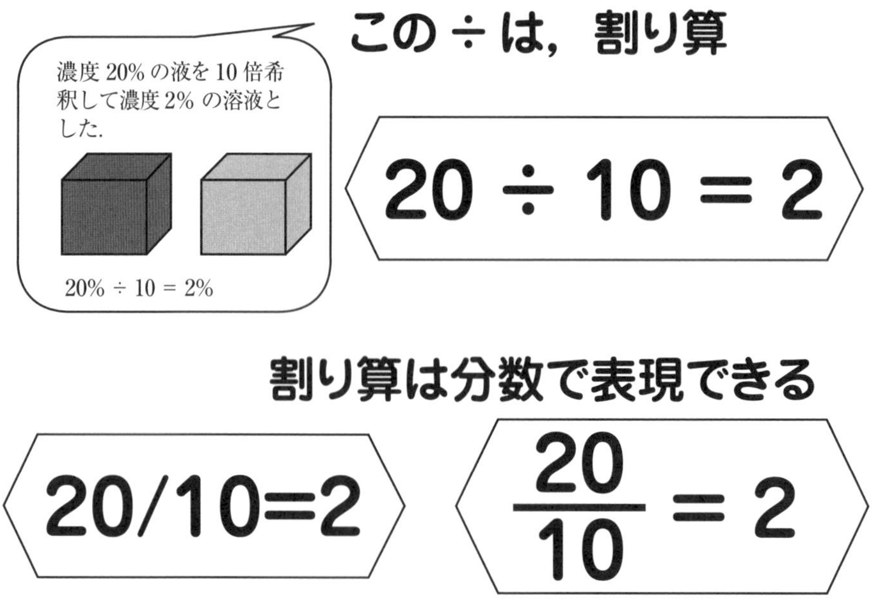

この ÷ は，割り算

濃度 20% の液を 10 倍希釈して濃度 2% の溶液とした．

20% ÷ 10 = 2%

20 ÷ 10 = 2

割り算は分数で表現できる

20/10 = 2

$$\frac{20}{10} = 2$$

図 5.2　割り算

第5章 指数，対数の計算をする

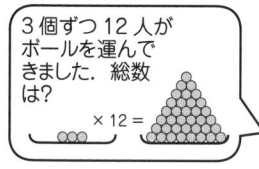

> 3個ずつ12人がボールを運んできました．総数は？
> ×12＝

この × は，掛け算

$2 \times 10 = 20$

上付の数値は指数

$2 \times 10 \times 10 = 2 \times 10^2 = 200$

$2 \times 10^2 \times 10^3 = 2 \times 10^5 = 200000$

図 5.3 掛け算

例題 1 次の指数計算をしてみよう．

1. $a^2 \times a^6$
2. $3^m \times 3^n$
3. $(a^3)^2$
4. $(2^m)^n$
5. $(ab)^4$
6. $(3 \times 2)^m$
7. a^0
8. 5^0
9. $a^{-3} \times a^{-2}$
10. 5^{-2}
11. $(a^4 b^2)^3$
12. $3^{-1} \times 2^{-2}$

解答

1. a^8
2. $3^{(m+n)}$
3. a^6
4. 2^{mn}
5. $a^4 b^4$
6. $3^m \times 2^m$
7. 1
8. 1
9. $a^{-5} = \dfrac{1}{a^5}$
10. $5^{-2} = \dfrac{1}{5^2} = \dfrac{1}{25}$
11. $a^{12} b^6$
12. $\dfrac{1}{3} \times \dfrac{1}{4} = \dfrac{1}{12}$

例題 2 次の指数計算をしてみよう．

1. $\sqrt[6]{3^4} \times \sqrt[3]{3^4}$
2. $\sqrt{8} \div \sqrt[6]{8}$
3. $\sqrt[3]{5} \times \sqrt[6]{625}$

解答

1. $3^{\frac{4}{6}} \times 3^{\frac{4}{3}} = 3^{\frac{4}{6}+\frac{4}{3}} = 3^{\frac{6}{3}} = 3^2 = 9$
2. $8^{\frac{1}{2}} \div 8^{\frac{1}{6}} = 8^{\frac{3}{6}-\frac{1}{6}} = 8^{\frac{1}{3}} = 2^{\frac{3}{3}} = 2$
3. $5^{\frac{1}{3}} \times (5^4)^{\frac{1}{6}} = 5^{\frac{1}{3}+\frac{2}{3}} = 5^1 = 5$

例題3 次の等式を満たす x の値を求めてみよう．

1　$3^x = 27$　　　2　$4^x = 8$　　　3　$5^x = 1$

解答　1　3　　　2　$(2^2)^x = 8 = 2^3$, $2x = 3$, $x = \dfrac{3}{2}$　　　3　0

2 指数と対数の関係を復習し，対数を計算してみよう

2を3乗すると8である．別の表現をすると，3は2を8にする指数である．$3 = \log_2 8$ と書き表される．一般に，対数は $y = \log_a x$ と書かれ，「y は a を x にする指数である」という．

このとき，a を底と呼び，1以外の正の数である．また，y を真数と呼び，真数も正の数である．

例題4 次の関係を $y = \log_a x$ の形に書いてみよう．

1　$2^3 = 8$　　　2　$5^3 = 125$　　　3　$2^{-1} = \dfrac{1}{2}$

解答　1　$3 = \log_2 8$　　　2　$3 = \log_5 125$　　　3　$-1 = \log_2 \dfrac{1}{2}$

指数の性質から，$a^1 = a$, $a^0 = 1$, $a^{-1} = \dfrac{1}{a}$ であるから，次のことが成り立つ．

$$\log_a a = 1, \quad \log_a 1 = 0 \quad \log_a \dfrac{1}{a} = -1$$

また，指数法則と対数の定義から，対数について次の関係が導かれる．

$a > 0$, $a \neq 1$, $M > 0$, $N > 0$, k：実数のとき

1　$\log_a MN = \log_a M + \log_a N$

2　$\log_a \dfrac{M}{N} = \log_a M - \log_a N$

3　$\log_a M^k = k \log_a M$

4　$\log_a \dfrac{1}{N} = -\log_a N$

5　$\log_a \sqrt[n]{M} = \dfrac{1}{n} \log_a M$

例題 5 次の対数の値を求めてみよう．

1 $\log_2 8$ 2 $\log_5 125$ 3 $\log_2 \sqrt{2}$

解答 1 $\log_2 2^3 = 3$ 2 $\log_5 5^3 = 3$ 3 $\dfrac{1}{2}\log_2 2 = \dfrac{1}{2}$

例題 6 次の対数の計算をしてみよう．

1 $\log_3 7 - \log_3 63$ 2 $\log_6 3 + \log_6 12$
3 $\log_3 \sqrt{6} - \log_3 \sqrt{2}$ 4 $\log_5 \sqrt{30} - \log_5 \sqrt{6}$

解答 1 $\log_3 \dfrac{7}{63} = \log_3 \dfrac{1}{9} = \log_3 3^{-2} = -2$ 2 $\log_6(3 \times 12) = \log_6 36 = \log_6 6^2 = 2$

3 $\log_3 \dfrac{\sqrt{6}}{\sqrt{2}} = \log_3 \sqrt{3} = \log_3 3^{\frac{1}{2}} = \dfrac{1}{2}$ 4 $\log_5 \dfrac{\sqrt{30}}{\sqrt{6}} = \log_5 \sqrt{5} = \log_5 5^{\frac{1}{2}} = \dfrac{1}{2}$

❸ 常用対数の計算をして pH を求めてみよう

　10 を底とする対数を常用対数という．例えば，1000 という値は 10 の何乗か？ これが常用対数の意味である．$\log_{10} 1000 = \log_{10} 10^3 = 3$ と表される．常用対数では底は常に 10 なので，一般に $\log 1000 = \log 10^3 = 3$ のように底の 10 は省略される（図 5.4，5.5）．化学を学ぶ場合，酸解離定数，溶解度積，錯生成定数，水素イオン濃度など，非常に大きな数字から，非常に小さな数字を取り扱う場合がある．これらの値の常用対数や，または逆数の常用対数をとれば，0〜14 位の比較的桁数の少ない数で表すことができる．ここでは，一例として水素イオン濃度と pH との関係を考えてみよう．下の表中の水素イオン濃度 $[H^+]$ をみてみると，非常に小さい数になることがわかる．したがって，水素イオン濃度の逆数の常用対数をとった $pH = -\log[H^+] = \log \dfrac{1}{[H^+]}$ で表したほうが 0〜14 の数字になるのでわかりやすい（図 5.6）．

酸性〜中性

$[H^+]$	10^0	10^{-1}	10^{-2}	10^{-3}	10^{-4}	10^{-5}	10^{-6}	10^{-7}
pH	0	1	2	3	4	5	6	7

アルカリ性

$[H^+]$	10^{-8}	10^{-9}	10^{-10}	10^{-11}	10^{-12}	10^{-13}	10^{-14}
pH	8	9	10	11	12	13	14

$$100000 = 1 \times 10^5 \quad \text{指数}$$

100000 を常用対数で表すと，
log 100000
= log (1 × 100000)
= log 1 + log 10^5
= 0 + 5
= 5

log は 10 の何乗か？を表現

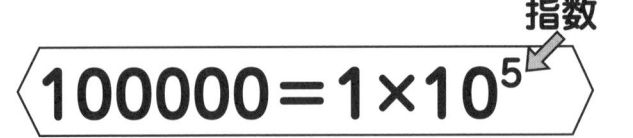

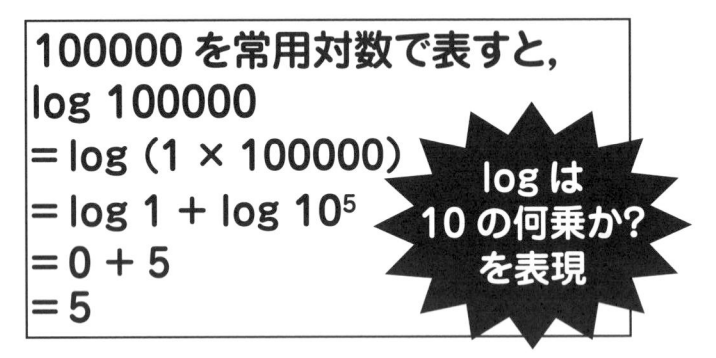

図 5.4　log は

常用対数（M, N, K をある正の数とする）

log 1 = 0
log 10 = 1
log MN = log M + log N
log (M ÷ N) = log M − log N
log M^K = K × log M
log $\sqrt{M}$ = $\frac{1}{2}$ log M

図 5.5　常用対数の計算では

例題 7　次の水素イオン濃度（mol/L）の溶液の pH を算出してみよう．ただし，log 2 = 0.3，log 3 = 0.48 とする．

1　0.1　　　2　0.02　　　3　0.003　　　4　0.0005　　　5　0.00006

解答
1　$- \log 0.1 = - \log 10^{-1} = 1$

2　$- \log 0.02 = - \log (2 \times 10^{-2}) = 2 - \log 2 = 2 - 0.3 = 1.7$

3　$- \log 0.003 = - \log (3 \times 10^{-3}) = 3 - \log 3 = 3 - 0.48 = 2.52$

4　$- \log 0.0005 = - \log (5 \times 10^{-4}) = - \log \left(\frac{10}{2} \times 10^{-4} \right) = 4 - 1 + \log 2 = 3.3$

5　$- \log 0.00006 = - \log (2 \times 3 \times 10^{-5}) = 5 - \log 2 - \log 3 = 4.22$

水素イオン濃度のような小さい数値をあらわす時，対数を使うと便利だね！ −log を p で示しているよ！

pH

ピーエッチ，水素イオン指数，ペーハーなどと呼ばれている．
水素イオン濃度を log（底を 10 とする常用対数）を用いて，
次式で表される．　　pH = −log[H⁺]

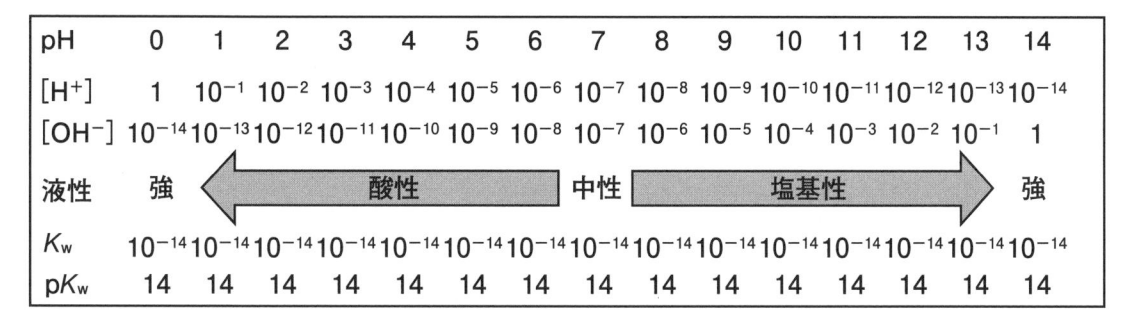

pH	0	1	2	3	4	5	6	7	8	9	10	11	12	13	14
[H⁺]	1	10^{-1}	10^{-2}	10^{-3}	10^{-4}	10^{-5}	10^{-6}	10^{-7}	10^{-8}	10^{-9}	10^{-10}	10^{-11}	10^{-12}	10^{-13}	10^{-14}
[OH⁻]	10^{-14}	10^{-13}	10^{-12}	10^{-11}	10^{-10}	10^{-9}	10^{-8}	10^{-7}	10^{-6}	10^{-5}	10^{-4}	10^{-3}	10^{-2}	10^{-1}	1
液性	強	←	酸性					中性		塩基性				→	強
K_w	10^{-14}	10^{-14}	10^{-14}	10^{-14}	10^{-14}	10^{-14}	10^{-14}	10^{-14}	10^{-14}	10^{-14}	10^{-14}	10^{-14}	10^{-14}	10^{-14}	10^{-14}
pK_w	14	14	14	14	14	14	14	14	14	14	14	14	14	14	14

図5.6　pH

4 自然対数とはどんな対数

　底を e（ネイピア定数）とする対数を自然対数といい，$\log_e x$，$\ln x$ と書き表す．e は定数の一つでありその値は超越数で，$e = 2.7182818$……である．化学反応の速度を予測する式はアレニウスによって $k = Ae^{\frac{-E}{RT}}$ と提出された．ここで，k：反応速度定数，A：頻度因子，E：活性化エネルギー，R：気体定数，T：絶対温度である．この式の両辺の自然対数をとると，$\ln(k) = -\frac{E}{R} \times \frac{1}{T} + \ln(A)$ となり，縦軸に反応速度定数の自然対数 $\ln(k)$，横軸に温度の逆数 $\frac{1}{T}$ をプロットすれば，アレニウスプロットが得られ，傾きから活性化エネルギーが求めることができる．このように，両辺の自然対数をとることによって反応速度定数の自然対数値は，温度，活性化エネルギーとどのような関係になっているかがわかる．自然対数と常用対数の間には $\ln x = \ln 10 \times \log x = 2.303 \times \log x$ の関係が成り立っている．

第5章 指数，対数の計算をする

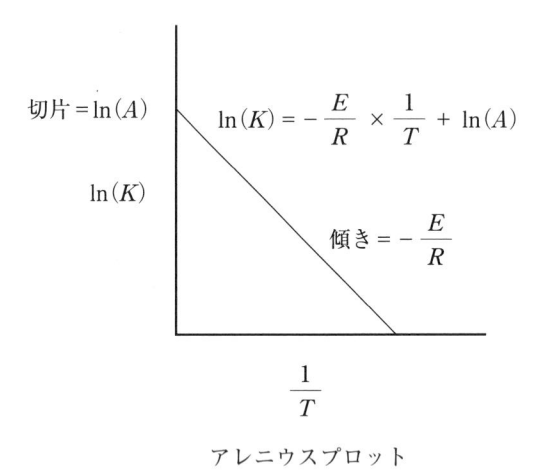

$$\ln(K) = -\frac{E}{R} \times \frac{1}{T} + \ln(A)$$

切片 = $\ln(A)$

$\ln(K)$

傾き = $-\dfrac{E}{R}$

$\dfrac{1}{T}$

アレニウスプロット

6 化学平衡

1 化学平衡の基礎

1）平衡状態について

物質Aと物質Bの可逆反応

$$A + B \rightleftarrows C + D \tag{6.1}$$

について，反応速度を考える．まず，右向きの反応（正反応）

$$A + B \xrightarrow{v} C + D \tag{6.2}$$

という化学反応を考えたとき，CとDが生成する速度はvで表される．一方，CとDからAとBが生成する反応（式6.3）は，式（6.2）の逆反応であり，反応速度をv'と表す．

$$C + D \xrightarrow{v'} A + B \tag{6.3}$$

図6.1に示すように式（6.2）の反応が進行するにつれ，AとBの濃度は減少するので，反応の進行に伴って，反応速度vは次第に小さくなる．一方，CとDの濃度は増加するので，式（6.3）の反応速度v'は次第に大きくなって，十分時間が経過するとvとv'は等しくなり，見かけ上，A，B，C，Dの濃度は変化しない状態に達する．このような状態を化学平衡 chemical equilibrium という．単に，平衡と呼ぶことも多い．

式（6.1）の可逆反応が平衡に達したときの各成分の濃度（例えば，Aの場合は[A]と表記）を用い，平衡定数 equilibrium constant が次のように表される．

$$K = \frac{[C][D]}{[A][B]} \tag{6.4}$$

Kは，温度，圧力等の条件が同一であれば，一定の値となり，式（6.4）の関係を質量作用の法則 law of mass action という．通常，[A]など[　]内の物質についての「濃度」には「mol/L」の単位が使われるが，Kには単位はない．

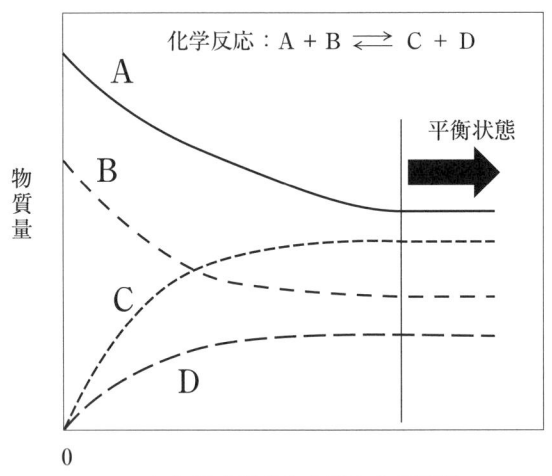

図 6.1

化学反応：A + B ⇌ C + D

例題 1 物質 A と B を反応させると，以下の反応式のとおり Y と Z を生成する．

A + B ⇌ Y + Z

$K = 4$

A と B をそれぞれ 5 mol 反応させた場合，この反応が平衡に達したとき Y は何 mol 生じているか．

解答 平衡定数は $K = 4$ として与えられているので，平衡状態では式（6.4）より，次の式が成り立つ．

$$K = \frac{[\text{Y}][\text{Z}]}{[\text{A}][\text{B}]} = 4$$

平衡に達した時，Y と Z の物質量を x mol とすると，A と B は，$(5-x)$ mol となる．体積全体を V L とすると，それぞれのモル濃度（mol/L）は次のようになる．

$[\text{A}] = [\text{B}] = (5-x)/V$

$[\text{Y}] = [\text{Z}] = x/V$

これらを上の平衡（$K = 4$）の式に代入する．

$$K = \frac{\dfrac{x}{V} \times \dfrac{x}{V}}{\dfrac{5-x}{V} \times \dfrac{5-x}{V}} = \frac{x^2}{(5-x)^2} = 4$$

よって，$3x^2 - 40x + 100 = 0$ となり，次の 2 次方程式の解の公式

$$x = \frac{-b \pm \sqrt{b^2 - 4ac}}{2a} \qquad (ax^2 + bx + c = 0 \text{ の時}) \tag{6.5}$$

により x を求める．この場合，$x = 10$ または 3.33 の 2 つの解が得られるが，10 は 5 mol

より大きくて題意に沿わないので，3.33 mol が答えとなる．

2) 平衡定数を活量で表す

式 (6.4) における平衡定数 K は，厳密にいうと，図 6.2 に示すように活量 (a) を用いて表現する．実際の溶液においては，溶質の濃度が増加するに従い，溶質分子間の相互作用が高まる．よって希薄溶液の場合と比べ，実際の溶液では相互作用の分だけ溶質分子は自由に振る舞うことができず，実効濃度が異なってくる．この実効濃度は活量 activity と呼ばれ a で表される．活量 a は，溶液に含まれる溶質 X の濃度 [X] に，相互作用による効果を補正する係数，すなわち活量係数 γ を掛けることで得られる．

$$a = \gamma [X] \tag{6.6}$$

水溶液の場合では，無電荷の溶質の活量係数は $\gamma = 1$ と見なすことができる．しかし，溶質が電荷をもつイオンとして存在する場合は，共存しているイオン間の静電的相互作用を無視することができなくなる．溶質の濃度，あるいはイオンの価数が増加するに従い静電的相互作用は大きくなるが，活量係数は小さくなる．

通常，分析化学で取扱う溶液は薄い場合が多いので，式 (6.4) を用いている．

平衡定数を活量で表現すると，

$$K = \frac{[C][D]}{[A][B]} \quad \Longrightarrow \quad K = \frac{a_C \, a_D}{a_A \, a_B}$$

活量(a)：実効濃度
　溶質の相対的な濃度であり，単位のない量である．
標準状態($a=1$)を基準として，概ね次の標準を用いている．
1) 薄い濃度の液体では，活量はモル濃度に等しい．
2) 溶媒のような液体，または固体は，$a=1$ である．
3) 理想気体に対しては 1 atm が，$a=1$ である．

図 6.2

3) イオン強度

活量を知るためには，活量係数を知る必要がある．例えば，イオン M^+ と L^- の水溶液に，これらのイオンと反応しない NaCl を溶解したとき，M^+ と L^- に着目すると，M^+ は Cl^- を引きつけ，L^- は Na^+ を引きつけ，NaCl を溶解する前に比べ，各イオン（M^+ と L^-）の実効濃度は低下していて，イオン強度 ionic strength という尺度が用いられる．活量係数 γ と電荷 z との関係

はデバイ-ヒュッケル Debye-Hückel の式として式 (6.7) のように表される.

$$-\log \gamma = \frac{0.51 z^2 \sqrt{I}}{1 + 0.33 \times 10^{10} a \sqrt{I}} \tag{6.7}$$

イオン強度 I は式 (6.8) から計算できる.

$$I = \frac{1}{2} \sum_i c_i z_i^2 \tag{6.8}$$

c_i および z_i は水溶液に存在するイオンの濃度ならびに電荷を表す.

また,式 (6.7) の a はイオンの最近接距離であり,平均的な値として $a = 0.3$ nm が用いられ,次のように表すことができる.

$$-\log \gamma = \frac{0.51 z^2 \sqrt{I}}{1 + \sqrt{I}} \tag{6.9}$$

イオン強度がそれほど大きくない場合,例えば $I < 0.01$ mol/L のときには,分母の項について $\sqrt{I}$ は1に対して無視できるので,簡略化された式 (6.10) が得られ,これはデバイ-ヒュッケルの極限式と呼ばれる.

$$-\log \gamma = 0.51 z^2 \sqrt{I} \qquad (I < 0.01) \tag{6.10}$$

例題 2 5×10^{-3} mol/L の NaCl 水溶液のイオン強度を求めよ.

解答 式 (6.7) より,Na$^+$ と Cl$^-$ について考慮し,
$$I = 1/2 \times (5 \times 10^{-3} \times 1^2 + 5 \times 10^{-3} \times 1^2) = 5 \times 10^{-3} \text{ mol/L}$$

例題 3 5×10^{-3} mol/L の Na$_2$CO$_3$ 水溶液のイオン強度を求めよ.

解答 式 (6.7) より,Na$^+$ と CO$_3^{2-}$ について考慮し,
$$I = 1/2 \times (2 \times 5 \times 10^{-3} \times 1^2 + 5 \times 10^{-3} \times 2^2) = 1.5 \times 10^{-2} \text{ mol/L}$$

例題2のNaClでは,濃度とイオン強度は等しいが,本題のように多価イオンからなるNa$_2$CO$_3$の場合は,濃度よりもイオン強度の方が大きくなる.

例題 4 2×10^{-4} mol/L K$_2$SO$_4$ 水溶液のイオン強度,ならびにそれぞれのイオンについて活量係数を求めよ.

解答 まず,イオン強度については式 (6.7) より,K$^+$ と SO$_4^{2-}$ について考慮し,
$$I = 1/2 \times (2 \times 2 \times 10^{-4} \times 1^2 + 2 \times 10^{-4} \times 2^2) = 6 \times 10^{-4} \text{ mol/L}$$

K$^+$ イオンの活量係数について

この溶液のイオン強度は $I < 0.01$ であるので,デバイ-ヒュッケルの極限式が適用できる.
$$-\log \gamma = 0.51 z^2 \sqrt{I} = 0.51 \times 1^2 \times \sqrt{6 \times 10^{-4}} = 1.2 \times 10^{-2}$$

よって,
$$\gamma = 10^{-1.2 \times 10^{-2}} = 0.97$$

SO$_4^{2-}$イオンの活量係数について
K$^+$イオンの場合と同様に，デバイ-ヒュッケルの極限式を適用する．
$$-\log \gamma = 0.51 z^2 \sqrt{I} = 0.51 \times 2^2 \times \sqrt{6 \times 10^{-4}} = 5.0 \times 10^{-2}$$
よって，
$$\gamma = 10^{-5 \times 10^{-2}} = 0.89$$

❷ 酸塩基平衡

　酸塩基反応による平衡の考え方は，中和反応を利用した中和滴定の原理となっている．また，錯体生成反応，沈殿生成反応，酸化還元反応などの平衡を考える上でも基本となる重要な部分である．ここでは，酸または塩基である医薬品の挙動を理解するために必要な「pH」や「pK_a」といった指標を用いた計算のマスターを目指す．
　酸塩基の定義はしっかり理解しておこう．

a．アレニウスの定義
　アレニウス S. A. Arrhenius の電離説では，酸と塩基は次のように定義される．「酸とは水に溶けて水素イオン H$^+$ を生じる物質であり，塩基とは水に溶けて水酸化物イオン OH$^-$ を生じる物質である」．この説では，ある種の酸，塩基の分類が可能であるが，例えば，OH を含まないアンモニアが塩基性を示すことは説明できない．

b．ブレンステッド-ローリーの定義
　ブレンステッド J. N. Brønsted とローリー T. M. Lowry による定義では，「酸とは水素の原子核，すなわちプロトンを放出できる物質であり，塩基とはプロトンを受容できる物質である」とされている．

c．ルイスの定義
　ルイス G. N. Lewis は，「酸とは，電子対を受け取る物質であり，塩基とは，電子対を供与する物質である」とした．よって，ブレンステッドの定義による酸・塩基もルイス酸塩基に含めることができる．さらにプロトン供与能力がほとんどない非プロトン性溶媒（炭化水素など）中における反応が酸塩基反応として説明できる．

1) 水溶液中での酸塩基平衡と解離定数

　分析化学をはじめ，溶液中における化学反応を扱う際，最も用いられている酸塩基の概念は，ブレンステッド-ローリーによる定義である．酸とは，「プロトン H$^+$ を放出するもの」であり，プロトンは水中では単独で存在することはなく，水が溶媒和した状態，H$_3$O$^+$（オキソニウムイオン）として表される．酸 HA を水に溶解すると次のようになる．

$$\text{HA} + \text{H}_2\text{O} \rightleftarrows \text{H}_3\text{O}^+ + \text{A}^- \tag{6.11}$$
　　　酸　　塩基　　　　酸　　塩基

酸 HA は H_2O に H^+ を与えることで，自身は塩基（A^-）となる．HA と A^- の組み合わせを，「共役な酸塩基対」という．式（6.11）では，H_2O と H_3O^+ も共役な酸塩基対である．

水中における酸 HA の強さは，式（6.11）の考えをもとに式（6.12）のように平衡定数 K として表すことができる．

$$K = \frac{[H_3O^+][A^-]}{[HA][H_2O]} \tag{6.12}$$

希薄な酸の水溶液の場合は，$[H_2O]$ は一定と見なすことができる．K は一定の値であるので，式（6.12）の $[H_2O]$ を左辺に移項して得られる $K[H_2O]$ も一定となり，これを酸解離定数 acidic dissociation constant（K_a）という．

$$K_a = K[H_2O] = \frac{[H_3O^+][A^-]}{[HA]} \tag{6.13}$$

通常，H_3O^+ を H^+ で表し，酸 HA の解離は式（6.14）のように簡略化され，解離定数は式（6.15）として示すことができる．

$$HA \rightleftharpoons H^+ + A^- \tag{6.14}$$

$$K_a = \frac{[H^+][A^-]}{[HA]} \tag{6.15}$$

次に，塩基の解離反応を考える．

$$B + H_2O \rightleftharpoons OH^- + BH^+ \tag{6.16}$$
　　塩基　　酸　　　　塩基　　酸

式（6.11）で酸の解離反応を考えた時と同様，共役な酸塩基対が見られる．平衡定数 K ならびに解離定数 K_b についても同様に考えることができる．

$$K = \frac{[OH^-][BH^+]}{[B][H_2O]} \tag{6.17}$$

$$K_b = K[H_2O] = \frac{[OH^-][BH^+]}{[B]} \tag{6.18}$$

ここで導出については省略するが，K_a と K_b には次の関係が成り立つ．

$$K_a \times K_b = [H^+][OH^-] = K_w \tag{6.19}$$

K_w は定数であり，アレニウスらが求めた水のイオン積（$K_w = 10^{-14}$）のことである．

2）解離度と解離定数

分析濃度が C mol/L の酸について，水溶液中で解離した割合を解離度 α として表すと，解離定数との関係は式（6.20）のように示すことができる．

$$K_a = \frac{C\alpha^2}{1-\alpha} \tag{6.20}$$

濃度の表現には分析濃度や平衡濃度という用語が使われる．通常溶液のモル濃度と称されるとき，その物質が溶液中で解離しているものもしていないものも含めて，分析濃度（総濃度，全濃度とも呼ぶ）である．図 6.3 に示すように，分析濃度（C で表現）と平衡濃度（[ ] で表現）の違

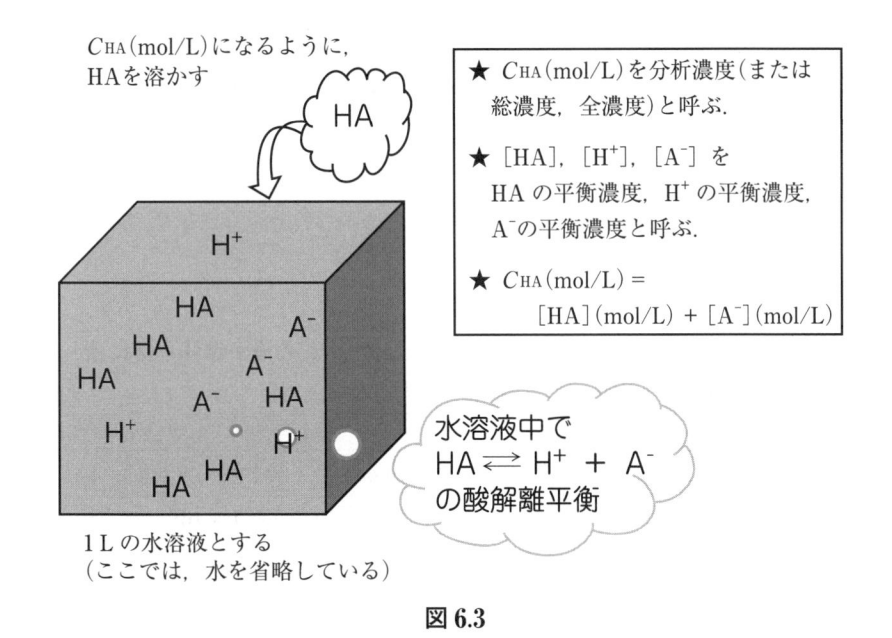

いを理解しよう．

*C*HA(mol/L)になるように，HAを溶かす

- ★ C_{HA}(mol/L)を分析濃度（または総濃度，全濃度）と呼ぶ．
- ★ [HA]，[H$^+$]，[A$^-$]をHAの平衡濃度，H$^+$の平衡濃度，A$^-$の平衡濃度と呼ぶ．
- ★ C_{HA}(mol/L) = [HA](mol/L) + [A$^-$](mol/L)

水溶液中で HA $\rightleftarrows$ H$^+$ + A$^-$ の酸解離平衡

1 L の水溶液とする（ここでは，水を省略している）

図 6.3

例題 5 0.1 mol/L 酢酸の解離度 α = 0.0134 とすると，解離定数はいくらか．

解答 式（6.20）より，

$$K_a = \frac{0.1 \times (0.0134)^2}{1 - 0.0134} = 1.82 \times 10^{-5}$$

例題 6 例題 5 の溶液中に含まれる酢酸，ならびに酢酸イオンの濃度はいくらか．

解答 酢酸：[CH$_3$COOH] = 0.1 − 0.1 × 0.0134 = 9.87 × 10^{-2} mol/L

酢酸イオン：[CH$_3$COO$^-$] = 0.1 × 0.0134 = 1.34 × 10^{-3} mol/L

③ 錯体平衡

　金属イオンは水の中で単独で存在することはなく，共存する配位子と結合して金属錯体を形成する．特定の配位子が存在しなくても，水が配位子として働き，金属イオンはこれらの錯体として存在する．キレート滴定（13 章）では錯体平衡の考えに基づき，反応に関係するイオンが定量できる．以下，水溶液中での錯体生成反応を，簡単にするために金属イオンへの水和については省略して説明する．

1) 金属イオンと配位子による錯体生成

金属イオン M^+ と配位子 L による錯体生成反応は次のように表される．

$$M^+ + mL \rightleftharpoons ML_m \tag{6.21}$$

錯体の生成について，錯体生成定数 K_f は次のように定義される．

$$K_f = \frac{[ML_m]}{[M^+][L]^m} \tag{6.22}$$

例題 7 次の濃度の錯イオンを溶かして水溶液とした．この液が錯体平衡に達したとき，この錯イオン水溶液中の金属イオンの濃度 (mol/L) を求めよ．

	錯イオン	錯イオンの濃度(mol/L)	錯体生成定数 K_f
(A)	$Ag(CN)_2^-$	5×10^{-3}	1×10^{21}
(B)	$Cd(CN)_4^{2-}$	1×10^{-1}	7.1×10^{16}

解答 (A) 錯体平衡反応における Ag^+ イオンの濃度 $[Ag^+]$ を求める．$[Ag^+] = x$ とおくと，平衡反応と平衡時の濃度 (mol/L) は次の通り表すことができる．

$$2CN^- + Ag^+ \rightleftharpoons Ag(CN)_2^-$$
$$2x \qquad x \qquad\qquad 5 \times 10^{-3} - x$$

式 (6.22) より，

$$K_f = \frac{[Ag(CN)_2^-]}{[Ag^+][CN^-]^2} = \frac{5 \times 10^{-3} - x}{x \times (2x)^2} = 1 \times 10^{21}$$

平衡定数の大きさ (1×10^{21}) から，「$5 \times 10^{-3} - x$」の x の値が計算に与える影響は極めて小さく，x を求めるにあたり，省略することができる．よって，

$$\frac{5 \times 10^{-3}}{4x^3} = 1 \times 10^{21} \text{ となり，} 4x^3 = 1 \times 10^{-21} \times 5 \times 10^{-3}$$

$$[Ag^+] = x = 1.08 \times 10^{-8} \text{ mol/L}$$

(B) 錯体平衡反応における Cd^+ イオンの濃度を求める．平衡反応と平衡時の濃度 (mol/L) は次の通り表すことができる．

$$4CN^- + Cd^{2+} \rightleftharpoons Cd(CN)_4^{2-}$$
$$4x \qquad x \qquad\qquad 7.1 \times 10^{16} - x$$

式 (6.22) より，

$$K_f = \frac{[Cd(CN)_4^{2-}]}{[Cd^{2+}][CN^-]^4} = \frac{1 \times 10^{-1} - x}{x \times (4x)^4} = 7.1 \times 10^{16}$$

(A) と同じ理由で分子の x を省略する．よって，

$$\frac{1 \times 10^{-1}}{256 x^5} = 7.1 \times 10^{16} \text{ となり，} 256 x^5 = 1 \times 10^{-1}/(7.1 \times 10^{16})$$

$$[Cd^{2+}] = x = 8.9 \times 10^{-5} \text{ mol/L}$$

2) 逐次生成定数と全生成定数

m 個の配位子は，M$^+$と逐次的に（1つずつ段階的に）反応することで，最終的に，錯体 ML$_m$ を形成する．例えば，銅イオンとアンモニアによる錯体の形成は次式,

$$Cu^{2+} + 4NH_3 \rightleftharpoons Cu(NH_3)_4^{2+} \tag{6.23}$$

となり，これを逐次的に示すと表 6.1 のようになる．また，各反応に対する平衡定数は，表 6.1 の右のようになり，これらを逐次生成定数という．

表 6.1 銅イオンとアンモニアの錯体生成反応

逐次生成反応	逐次生成定数
$Cu^{2+} + NH_3 \rightleftharpoons Cu(NH_3)^{2+}$	$K_1 = \dfrac{[Cu(NH_3)^{2+}]}{[Cu^{2+}][NH_3]}$
$Cu(NH_3)^{2+} + NH_3 \rightleftharpoons Cu(NH_3)_2^{2+}$	$K_2 = \dfrac{[Cu(NH_3)_2^{2+}]}{[Cu(NH_3)^{2+}][NH_3]}$
$Cu(NH_3)_2^{2+} + NH_3 \rightleftharpoons Cu(NH_3)_3^{2+}$	$K_3 = \dfrac{[Cu(NH_3)_3^{2+}]}{[Cu(NH_3)_2^{2+}][NH_3]}$
$Cu(NH_3)_3^{2+} + NH_3 \rightleftharpoons Cu(NH_3)_4^{2+}$	$K_4 = \dfrac{[Cu(NH_3)_4^{2+}]}{[Cu(NH_3)_3^{2+}][NH_3]}$

一方，逐次反応をまとめた錯体生成反応（式 6.23）に対する生成定数は，全生成定数（β）と呼ばれ，式（6.24）のようになる．

$$\beta = \frac{[Cu(NH_3)_4^{2+}]}{[Cu^{2+}][NH_3]^4} \tag{6.24}$$

逐次生成定数との関係は，式（6.25）のように表すことができる．

$$\beta = K_1 K_2 K_3 K_4 \tag{6.25}$$

例題 8 テトラアンミン銅イオンの全生成反応（式 6.23）の逐次反応式について，逐次生成定数が $K_1 = 1.9 \times 10^3$, $K_2 = 3.6 \times 10^3$, $K_3 = 7.9 \times 10^2$, $K_4 = 1.5 \times 10^2$ である場合，全生成定数を求めよ．

解答 式（6.25）より，
$$\beta = K_1 K_2 K_3 K_4 = 1.9 \times 10^3 \times 3.6 \times 10^3 \times 7.9 \times 10^2 \times 1.5 \times 10^2$$
$$= 8.1 \times 10^{11}$$

3) 副反応の影響

ここまでは，金属イオンと配位子のみについて考えてきた．しかし実際の水溶液では，OH$^-$

イオンや H$^+$ イオンが，金属イオン M や配位子 L と反応することが考えられ，これらの反応を副反応という．より実際に近い錯体生成定数を求めるために必要な，副反応の影響を示す係数，すなわち副反応係数（α）の中身について説明する．

例として銅（Ⅱ）イオン Cu^{2+} と EDTA(H$_4$Y) による錯体生成反応（式 6.26）について考えると，副反応を考えない場合は錯体生成定数を式（6.27）のように表すことができる．

$$Cu^{2+} + Y^{4-} \rightleftarrows CuY^{2-} \tag{6.26}$$

$$K_{CuY} = \frac{[CuY^{2-}]}{[Cu^{2+}][Y^{4-}]} \tag{6.27}$$

EDTA が銅イオンだけでなく，H$^+$ と副反応していると考える（図 6.4）と，錯体でない EDTA の総濃度は，[Y′] として次のように表される．

$$[Y'] = [Y^{4-}] + [HY^{3-}] + [H_2Y^{2-}] + [H_3Y^-] + [H_4Y] \tag{6.28}$$

ここで，副反応係数 α は，総濃度 [Y′] との関係において，[Y^{4-}] の倍率として定義する．

$$[Y'] = \alpha[Y^{4-}] \tag{6.29}$$

α は逐次生成定数を含む項からなっているが，その詳細ついては説明を省略する．このように，EDTA の副反応を考慮することにより，副反応を考慮していない生成定数（式 6.27）は式（6.30）のように置き換えられることになる．

$$K'_{CuY} = \frac{[CuY^{2-}]}{[Cu^{2+}][Y^{4-}]\alpha} = \frac{K_{CuY}}{\alpha} \tag{6.30}$$

これを，条件生成定数 conditional formation constant（K'）という．

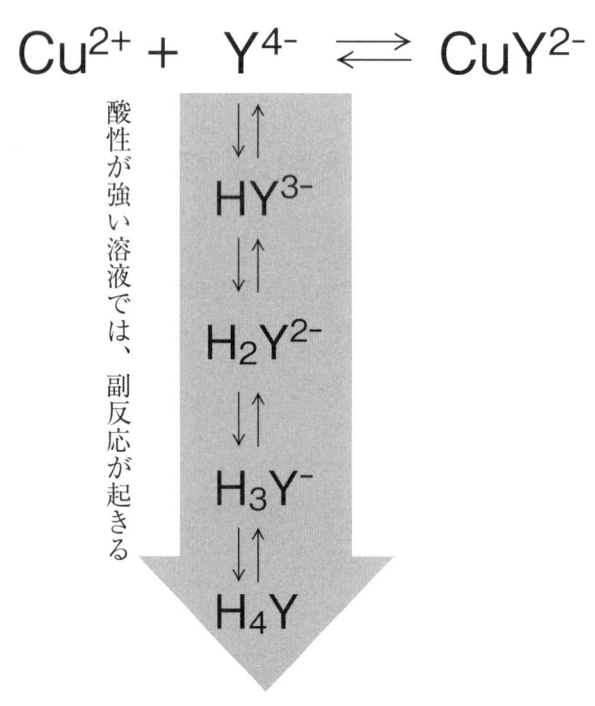

図 6.4　錯体生成反応

第6章　化学平衡

例題 9　全濃度がいずれも 1×10^{-3} mol/L である銅イオンと EDTA の反応（式 6.26）において，平衡に達したとき，錯体の条件生成定数 $K' = 10^6$ とすると，銅イオンの濃度はいくらになるか．

解答　平衡後の銅イオン，EDTA の濃度を x とすると，錯体の濃度は $10^{-3} - x$ となる．よって，

$$K'_{\text{CuY}} = \frac{[\text{CuY}^{2-}]}{[\text{Cu}^{2+}][\text{Y}']} = \frac{10^{-3} - x}{x^2} = 10^6$$

$$[\text{Cu}^{2+}] = x = 3.11 \times 10^{-5} \text{ mol/L}$$

例題 10　例題 9 と同じ条件下で，副反応係数が 10^4 であったとすると，副反応していない EDTA の濃度はいくらになるか．

解答　式（6.29）より，

$$\alpha_Y = \frac{[\text{Y}']}{[\text{Y}^{4-}]} = \frac{3.11 \times 10^{-5}}{[\text{Y}^{4-}]} = 10^4$$

$$[\text{Y}^{4-}] = 3.11 \times 10^{-9} \text{ mol/L}$$

例題 11　配位子（L）の H^+ との副反応係数を，各 pH ごとに求めよ．

配位子（L）	pH		
CH_3COO^-	(a) 1.74	(b) 4.74（= pK_a）	(c) 9.00
NH_3	(d) 5.00	(e) 9.26（= pK_a）	(f) 12.26

解答　CH_3COO^- について

$$[\text{Y}'] = \alpha[\text{Y}^{4-}] \text{（式 6.29）より，} \alpha_{CH_3COO(H)} = \frac{[CH_3COO^-] + [CH_3COOH]}{[CH_3COO^-]} = 1 + \frac{[H^+]}{K_a}$$

この問題では pK_a が与えられているので，$K_a = 10^{-4.74}$ とし，$[H^+]$ は各 pH から計算できる．よって，

(a) $\alpha_{CH_3COO(H)} = 1 + \dfrac{10^{-1.74}}{10^{-4.74}} = 1 \times 10^3$

(b) $\alpha_{CH_3COO(H)} = 1 + \dfrac{10^{-4.74}}{10^{-4.74}} = 2$

(c) $\alpha_{CH_3COO(H)} = 1 + \dfrac{10^{-9.00}}{10^{-4.74}} = 1.00$

NH_3 について

上記と同様に式（6.29）より，$\alpha_{NH_3(H)} = \dfrac{[NH_3] + [NH_4^+]}{[NH_3]} = 1 + \dfrac{[H^+]}{K_a} = 1 + \dfrac{[H^+]}{10^{-9.26}}$

それぞれ計算すると，

(d)　$\alpha_{NH_3(H)} = 1.82 \times 10^4$,　(e)　$\alpha_{NH_3(H)} = 2$,　(f)　$\alpha_{NH_3(H)} = 1.001$

4 沈殿平衡

沈殿生成反応は，重量分析や沈殿滴定による医薬品分析に応用されている．分析対象とする医薬品の濃度を求めるために，沈殿生成に関係する諸因子を用いた計算式が使えるよう，その成り立ちと計算方法をマスターする．

1) 溶解度積

ある難溶性塩 AB が，AB の飽和水溶液中にあるとき，固体の AB と水溶液中のイオンとの間には，次のような平衡が成り立つ．図 6.5 には沈殿平衡を模式的に示す．ここで簡単のために A と B の価数は 1 として考えてみる．

$$AB(固体) \rightleftarrows A^+ + B^- \tag{6.31}$$

式 (6.31) における各イオンの濃度の積は溶解度積 solubility product (K_{sp}) と呼ばれ，温度が一定のときに成り立つ．

$$K_{sp} = [A^+][B^-] \tag{6.32}$$

A^+ を含む水溶液に，B^- を添加していく場合，イオン濃度の積 $[A^+][B^-]$ が溶解度積 K_{sp} に達しないと，沈殿 AB は生成しないので，イオン濃度の積が K_{sp} に到達するまで溶かし続けることが可能である．固体 AB を水に溶かしていくと，もうこれ以上溶けない状態になる．これを飽和溶液という．この時のイオン濃度の積は K_{sp} と等しくなる．K_{sp} を超えた状態になると，沈殿が生成する．イオン濃度の積と溶液の状態をまとめると，表 6.2 のようになる．

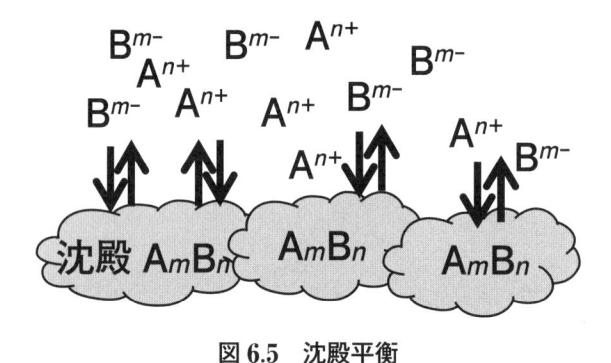

図 6.5　沈殿平衡

表 6.2 イオン濃度と沈殿生成の様子

イオン濃度の積の大きさ	溶液の状態
$[\text{A}^+][\text{B}^-] < K_{sp}$	固体 AB はすべて溶けている
$[\text{A}^+][\text{B}^-] = K_{sp}$	飽和溶液
$[\text{A}^+][\text{B}^-] > K_{sp}$	固体 AB が存在する飽和溶液

例題 12 ある濃度の食塩水に，過剰の硝酸銀水溶液を加えた．平衡に達したとき，$[\text{Ag}^+] = 2.5 \times 10^{-3}$ mol/L であったとすると，この食塩水に含まれていた NaCl の濃度 (mol/L) はいくらか．ただし AgCl について $K_{sp} = 1.56 \times 10^{-10}$ とする．

解答　$K_{sp} = [\text{Ag}^+][\text{Cl}^-] = 2.5 \times 10^{-3} \times [\text{Cl}^-] = 1.56 \times 10^{-10}$

NaCl の濃度は，$[\text{Cl}^-]$ と等しいと考えられる．よって，

$$[\text{Cl}^-] = 6.24 \times 10^{-8} \text{ mol/L}$$

例題 13 Ag_2CrO_4 の溶解度積を 2.0×10^{-12} とすると，この飽和水溶液中の Ag^+ と CrO_4^{2-} の濃度はいくらになるかを求めよ．また，分子量を 332 とすると，Ag_2CrO_4 の水への溶解度 (mg/L) はいくらになるか．

解答　Ag_2CrO_4 の溶解反応と，未知数である各濃度の関係は次のようになる．

$$\text{Ag}_2\text{CrO}_4 \rightleftharpoons 2\text{Ag}^+ + \text{CrO}_4^{2-}$$
$$2x \text{ mol/L} \quad x \text{ mol/L}$$

よって，溶解度積の式より

$$[\text{Ag}^+]^2[\text{CrO}_4^{2-}] = 4x^3 = 2.0 \times 10^{-12} \text{ (mol/L)}^3$$

それぞれの濃度は次のように得られる．

$$[\text{CrO}_4^{2-}] = x = 7.9 \times 10^{-5} \text{ mol/L}$$
$$[\text{Ag}^+] = 2x = 1.6 \times 10^{-4} \text{ mol/L}$$

Ag_2CrO_4 の水への溶解度については，7.9×10^{-5} mol が 1 L に溶解するので，

$$7.9 \times 10^{-5} \times 332 \times 1000 = 26 \text{ mg/L}$$

2) モル溶解度

次に，溶解度積から難溶性塩のモル溶解度 S (mol/L) を求める計算式について考える．難溶性塩構成イオンの係数を含めて溶解度積を表すと式 (6.33) より，式 (6.34) が得られる．

$$\text{A}_m\text{B}_n (\text{固体}) \rightleftharpoons m\text{A}^{n+} + n\text{B}^{m-} \tag{6.33}$$

$$K_{sp} = [\text{A}^{n+}]^m [\text{B}^{m-}]^n \tag{6.34}$$

溶解度積は難溶性塩のモル溶解度 S (mol/L) との関係は次のようになる．

$$K_{sp} = [\text{A}^{n+}]^m [\text{B}^{m-}]^n$$

$$= (mS)^m \cdot (nS)^n$$
$$= m^m \cdot n^n \cdot S^{(m+n)} \tag{6.35}$$

よって，モル溶解度について表すと次のようになる．

$$S = {}^{(m+n)}\!\sqrt{\frac{K_{sp}}{m^m n^n}} \tag{6.36}$$

例題 14 次に示す物質の溶解度積から，モル溶解度を求めよ．
$$AgCl(K_{sp} = 1.56 \times 10^{-10}), \quad Fe(OH)_3(K_{sp} = 1.1 \times 10^{-36})$$

解答 AgCl について
$$K_{sp} = [Ag^+][Cl^-] = S \times S = S^2 = 1.56 \times 10^{-10}$$
$$S = 1.25 \times 10^{-5} \, mol/L$$

Fe(OH)$_3$ について
$$K_{sp} = [Fe^{3+}][OH^-]^3 = S \times (3S)^3 = 27S^4 = 1.1 \times 10^{-36}$$
$$S = 4.49 \times 10^{-10} \, mol/L$$

例題 15 次に示す物質のモル溶解度から，溶解度積を求めよ．
$$Ag_2CrO_4(S = 1.31 \times 10^{-4} \, mol/L), \quad Bi_2S_3(S = 1.71 \times 10^{-15} \, mol/L)$$

解答 Ag$_2$CrO$_4$ について
$$K_{sp} = [Ag^+]^2[CrO_4^{2-}] = (2S)^2 \times S = 4S^3 = 9.0 \times 10^{-12}$$

Bi$_2$S$_3$ について
$$K_{sp} = [Bi^{3+}]^2[S^{2-}]^3 = (2S)^2 \times (3S)^3 = 108S^5 = 1.6 \times 10^{-72}$$

3) pH の影響

 沈殿生成は pH によって左右され，水酸化物をはじめ，硫化物や炭酸塩のような弱酸の塩の溶解度は pH の影響を大きく受ける．まず，水酸化物イオンの沈殿について考える．金属イオン M^{n+} は，水酸化ナトリウム水溶液やアンモニア水溶液により，式（6.37）のように水酸化物を沈殿する．

$$M^{n+} + nOH^- \rightleftharpoons M(OH)_n \tag{6.37}$$

この時の沈殿生成の条件を示す溶解度積は式（6.38）となる．

$$K_{sp} = [M^{n+}][OH^-]^n \tag{6.38}$$

水のイオン積より，水酸化物イオンの濃度は式（6.39）であり，

$$[OH^-] = \frac{K_w}{[H^+]} \tag{6.39}$$

式（6.38）ならびに式（6.39）より，

$$[M^{n+}] = K_{sp}\left(\frac{[H^+]}{K_w}\right)^n \tag{6.40}$$

となる．式 (6.40) において対数をとり，水素イオン濃度を pH として示すと式 (6.41) ならびに式 (6.42) が得られる．

$$pM = (pK_{sp} - npK_w) + npH \tag{6.41}$$

$$pH = pK_w - \frac{1}{n}(\log[M^+] + pK_{sp}) \tag{6.42}$$

例題 16 5.0×10^{-2} mol/L の Cr^{3+} ならびに Ni^{2+} を含む水溶液がある．水酸化物の沈殿，$Cr(OH)_3$ および $Ni(OH)_2$ が生成し始めるときの pH を求めよ．溶解度積はそれぞれ，$K_{sp, Cr(OH)_3} = 6.31 \times 10^{-31}$，$K_{sp, Ni(OH)_2} = 6.31 \times 10^{-18}$ である．

解答 まず，それぞれについて pK_{sp} を求め，式 (6.42) を用いて計算する．
Cr^{3+} について

$$pK_{sp} = -\log(6.31 \times 10^{-31}) = 30.2$$

$$pH = 14 - \frac{1}{3}(\log[5.0 \times 10^{-2}] + pK_{sp}) = 4.4$$

Ni^{2+} について

$$pK_{sp} = -\log(6.31 \times 10^{-18}) = 17.2$$

$$pH = 14 - \frac{1}{2}(\log[5.0 \times 10^{-2}] + 17.2) = 6.1$$

次に，硫化物の沈殿生成について考える．金属イオン M^+ を含む水溶液に H_2S を通じると，S^{2-} イオンとの反応により沈殿が生成するが，H_2S や HS^- は沈殿生成に直接関与しない．H_2S については次のような酸塩基平衡が成り立つ．

$$H_2S \rightleftharpoons H^+ + HS^- \quad K_{a1} = \frac{[H^+][HS^-]}{[H_2S]} = 9.1 \times 10^{-8} \tag{6.43}$$

$$HS^- \rightleftharpoons H^+ + S^{2-} \quad K_{a2} = \frac{[H^+][S^{2-}]}{[HS^-]} = 1.2 \times 10^{-15} \tag{6.44}$$

式 (6.43) ならびに式 (6.44) より，

$$H_2S \rightleftharpoons 2H^+ + S^{2-} \quad K_{a1}K_{a2} = \frac{[H^+]^2[S^{2-}]}{[H_2S]} = 1.1 \times 10^{-22} \tag{6.45}$$

硫化水素飽和水溶液について 1 気圧，室温においては $[H_2S] = 0.1$ であるので，これを式 (6.45) に代入し，式 (6.46) が得られる．

$$[H^+]^2[S^{2-}] = 1.1 \times 10^{-23}$$

$$[S^{2-}] = \frac{1.1 \times 10^{-23}}{[H^+]^2} \tag{6.46}$$

金属イオン M^{2+} の硫化物 (MS) の溶解度積は，式 (6.47) となり，酸性が弱まる ($[H^+]$ が小さくなる) に従い $[S^{2-}]$ は大きくなり，硫化物は沈殿しやすくなる．

$$K_{sp} = [M^{2+}][S^{2-}] = [M^{2+}]\frac{1.1\times 10^{-23}}{[H^+]^2} \tag{6.47}$$

4) 副反応係数

　塩化銀の沈殿は，広い pH 範囲で生成するが，水酸化物，硫化物，炭酸塩，フッ化物等の沈殿生成については，pH の影響を大きく受ける．図 6.6 に示すように，沈殿剤が塩基として働き，プロトンと結合する反応が副反応として起こることによる．いま，難溶性塩 MX を解離させると式（6.48）となります．生成したブレンステッド塩基の X^- がプロトンと副反応することが考えられ，この副反応により生成する HX の解離定数は式（6.49）となる．

$$MX \rightleftharpoons M^+ + X^- \qquad K_{sp} = [M^+][X^-] \tag{6.48}$$

$$HX \rightleftharpoons H^+ + X^- \qquad K_a = \frac{[H^+][X^-]}{[HX]} \tag{6.49}$$

水溶液中の X^- の全濃度を $[X']$ とすると，式（6.50）のようになる．

$$[X'] = [X^-] + [HX] = [X^-] + \frac{[H^+][X^-]}{K_a} = \left(1 + \frac{[H^+]}{K_a}\right)[X^-]$$

$$= \alpha_H[X^-] \tag{6.50}$$

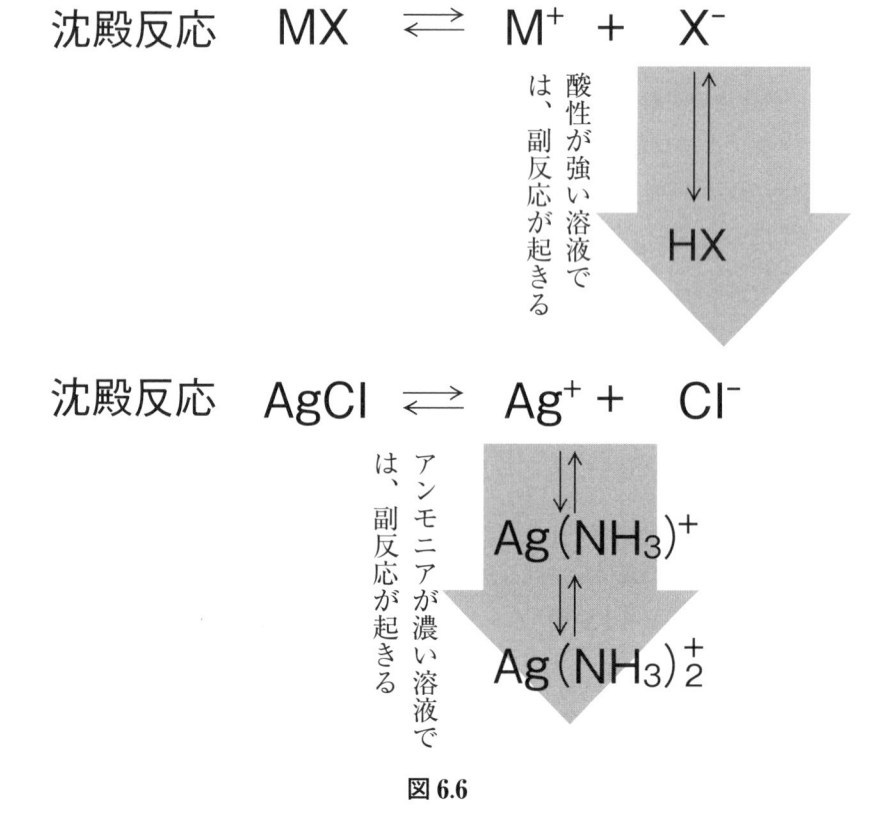

沈殿反応　　MX ⇌ M⁺ + X⁻

酸性が強い溶液では、副反応が起きる

↕ HX

沈殿反応　　AgCl ⇌ Ag⁺ + Cl⁻

アンモニアが濃い溶液では、副反応が起きる

↕ Ag(NH₃)⁺

↕ Ag(NH₃)₂⁺

図 6.6

α_H は X^- のプロトンとの反応に伴う副反応係数で，ここでは $(1+[H^+]/K_a)$ である．総濃度を表す項（ここでは $[X^-]+[HX]$）が増えると副反応係数の項も増えるので注意．副反応を考慮した MX の溶解度積は「条件付き溶解度積 K_{sp}'」として表され，式 (6.51) のように副反応係数 α_H が与えられることで，あるイオン濃度条件における溶解度積を求めることができる．

$$K_{sp}' = [M^+][X'] = [M^+]\alpha_H[X^-] = \alpha_H K_{sp} \tag{6.51}$$

例題 17 2.0×10^{-2} mol/L アンモニア水溶液における硝酸銀の副反応係数，ならびに条件付き溶解度積はいくらになるか．ただし，$K_{sp, AgCl} = 1.8 \times 10^{-10}$，$Ag(NH_3)^+$ の解離定数を $K_{a1} = 4.3 \times 10^{-4}$，$Ag(NH_3)_2^+$ の解離定数を $K_{a2} = 1.7 \times 10^{-4}$ とする．

解答 まず，総銀イオン濃度 $[Ag']$ より，副反応係数を求める式を組み立てる．考え方は式 (6.50) と同様であるが，副反応の化学種が増えるので，副反応係数を示す項の中身も増える．

$$[Ag'] = [Ag^+] + [Ag(NH_3)^+] + [Ag(NH_3)_2^+]$$

これが銀イオンについての総濃度であり，

$$K_{a1} = \frac{[Ag^+][NH_3]}{[Ag(NH_3)^+]} \quad \text{ならびに} \quad K_{a2} = \frac{[Ag(NH_3)^+][NH_3]}{[Ag(NH_3)_2^+]} \quad \text{より，}$$

$$[Ag'] = [Ag^+](1 + [NH_3]/K_{a1} + [NH_3]^2/K_{a1}K_{a2})$$
$$= [Ag^+]\alpha_{Ag(NH_3)}$$

副反応係数 $\alpha_{Ag(NH_3)}$ は，銀イオンとアンモニアとの副反応に基づく．条件付き溶解度積は

$$K_{sp}' = [Ag'][Cl^-] = [Ag^+]\alpha_{Ag(NH_3)}[Cl^-] = K_{sp, AgCl}\alpha_{Ag(NH_3)}$$

となる．副反応は次のように計算され，

$$\alpha_{Ag(NH_3)} = 1 + (2.0 \times 10^{-2})/4.3 \times 10^{-4} + (2.0 \times 10^{-2})^2/(4.3 \times 10^{-4} \times 1.7 \times 10^{-4})$$
$$= 5.5 \times 10^3$$

この副反応係数 $\alpha_{Ag(NH_3)}$ と問題で与えられた溶解度積 $K_{sp, AgCl}$ を用いて，条件付き溶解度積 K_{sp}' が以下のように求められる．

$$K_{sp}' = (1.8 \times 10^{-10}) \times (5.5 \times 10^3) = 9.9 \times 10^{-7}$$

5 酸化還元平衡

酸化とは，原子，イオンあるいは分子が電子を放出する反応であり，還元とは電子を受け取る反応のことを指す．酸化還元反応はエネルギーの発生を伴うほとんどの反応に関わっており，我々の生命活動を維持するためのエネルギー供給にも関与している．ここでは，酸化還元反応による電位の計算，ならびに平衡に関わる計算をマスターする．

1）酸化還元電位

酸化還元反応（式 6.52）は，酸化反応と還元反応が同時に同じ場所で起こっていることを指す．

$$Ox_1 + Red_2 \rightleftharpoons Red_1 + Ox_2 \quad (6.52)$$
物質1の酸化体　　物質2の還元体　　物質1の還元体　　物質2の酸化体

それぞれの反応は電極を用いることで，別の区画で半反応（式 6.53，式 6.54）として起こすことができ，これらをつなぐと電池を構成する．

$$Ox_1 + ne^- \rightleftharpoons Red_1 \quad (6.53)$$
$$Ox_2 + ne^- \rightleftharpoons Red_2 \quad (6.54)$$

ここで Ox は酸化体を，Red は還元体を示す．電池の起電力は，半反応における酸化，あるいは還元力の強さに依存する．標準酸化還元電位（標準電極電位）は，酸化体（Ox）の電子の受け取りやすさを示す数値であり，$E°$ と表される．基準となっているのは水素イオンの電子の受け取りやすさで，0 V と定められている（式 6.55）．

$$2H^+ + 2e^- \rightleftharpoons H_2 \quad E° = 0\,V \quad (6.55)$$

標準酸化還元電位について，より正の値が大きい半反応は，反応が右に進みやすい．すなわち還元反応が起こりやすい．一方，標準酸化還元電位の値が，より負の値が大きい半反応は，反応は左辺に進みやすく酸化反応が起こりやすくなる．電池の標準起電力 $E°$ は，還元反応の起こる正極の標準酸化還元電位 $E°_{(正極)}$ から，酸化反応の起こる負極の標準酸化還元電位 $E°_{(負極)}$ を引いた値として計算される．

$$E° = E°_{(正極)} - E°_{(負極)} \quad (6.56)$$

例題 18 次の半反応から構成される電池の起電力を求めよ．

$$Fe^{3+} + e^- \rightleftharpoons Fe^{2+} \quad E°_{Fe^{3+}/Fe^{2+}} = 0.771\,V \quad (a)$$
$$Ti^{3+} + e^- \rightleftharpoons Ti^{2+} \quad E°_{Ti^{3+}/Ti^{2+}} = -0.370\,V \quad (b)$$

解答 標準酸化還元電位は（b）よりも（a）が大きく，Fe^{3+} は Ti^{3+} よりも強い酸化剤であり，Ti^{2+} を酸化する．起電力は式（6.56）より次のように計算される．

$$E° = E°_{Fe^{3+}/Fe^{2+}} - E°_{Ti^{3+}/Ti^{2+}} = 0.771 - (-0.370) = 1.141\,V$$

例題 19 次の半反応から構成される電池の起電力を求めよ．また，電池の全反応式を示せ．

$$Ce^{4+} + e^- \rightleftharpoons Ce^{3+} \quad E°_{Ce^{4+}/Ce^{3+}} = 1.61\,V \quad (a)$$
$$Sn^{4+} + 2e^- \rightleftharpoons Sn^{2+} \quad E°_{Sn^{4+}/Sn^{2+}} = 0.154\,V \quad (b)$$

解答 標準酸化還元電位は（b）よりも（a）が大きく，Ce^{4+} は Sn^{4+} よりも強い酸化剤であり，Sn^{2+} を酸化する．起電力は例題 18 と同様に，式（6.56）より次のように計算される．

$$E° = E°_{Ce^{4+}/Ce^{3+}} - E°_{Sn^{4+}/Sn^{2+}} = 1.61 - 0.154 = 1.46\,V$$

電池の全反応式については，半反応（a）に 2 をかけたのち（b）を引くと，下記の式が

得られる.

$$2Ce^{4+} + Sn^{2+} \rightleftharpoons 2Ce^{3+} + Sn^{4+}$$

先に求めた起電力(=標準電極電位)は,半反応に含まれる電子の数とは関係ない.よって,$E°_{Ce^{4+}/Ce^{3+}} = 1.61 \times 2 = 3.22\,\text{V}$ とはならないことに注意しよう.

2) ネルンストの式

一般に,

$$\text{Ox} + n\text{e}^- \rightleftharpoons \text{Red} \tag{6.57}$$

の酸化還元系における電位は,ネルンストの式(6.58)により求めることができる.

$$E = E° + \frac{RT}{nF} \ln \frac{a_{\text{Ox}}}{a_{\text{Red}}} \tag{6.58}$$

ここで,気体定数 $R = 8.314\,\text{J/K mol}$,ファラデー定数 $F = 96500\,\text{C/mol}$,n は反応に関与する電子の数,a は活量を示す.活量係数が一定と見なせ,かつ標準状態(25℃ = 298 K)における場合,ネルンストの式は次のように表すことができる.

$$E = E° + \frac{RT}{nF} \ln \frac{[\text{Ox}]}{[\text{Red}]} = E° + \frac{0.0592}{n} \log \frac{[\text{Ox}]}{[\text{Red}]} \tag{6.59}$$

式(6.59)を得るにあたり,自然対数から常用対数に変換した.$\ln X = 2.303 \log X$ の関係より,各定数の部分に 2.303 をかけていることに注意しよう.

例題 20 次の反応について,ネルンストの式を示せ.

$$\text{MnO}_4^- + 2\text{H}_2\text{O} + 3\text{e}^- \rightleftharpoons \text{MnO}_2 + 4\text{OH}^-$$

解答 式(6.59)より

$$E = E° + \frac{0.0592}{n} \log \frac{a_{\text{Ox}}}{a_{\text{Red}}} = E° + \frac{0.0592}{3} \log \frac{(a_{\text{MnO}_4^-})(a_{\text{H}_2\text{O}})^2}{(a_{\text{MnO}_2})(a_{\text{OH}^-})^4}$$

溶媒の水,純粋な固体の活量は1として扱うので,次のように表される.

$$E = E° + \frac{0.0592}{3} \log \frac{(a_{\text{MnO}_4^-})}{(a_{\text{OH}^-})^4}$$

例題 21 次の電池の起電力を求めよ.

$\text{Pt}|\text{Fe}^{2+}(2\times 10^{-2}\,\text{mol/L}), \text{Fe}^{3+}(2.0\,\text{mol/L})||\text{Ce}^{3+}(0.2\,\text{mol/L}), \text{Ce}^{4+}(2\times 10^{-4}\,\text{mol/L})|\text{Pt}$

ただし,$E°_{Ce^{4+}/Ce^{3+}} = 1.61\,\text{V}$,$E°_{Fe^{3+}/Fe^{2+}} = 0.771\,\text{V}$ とする.

解答 この電池は,

$$\text{Ce}^{4+} + \text{e}^- \rightleftharpoons \text{Ce}^{3+} \tag{a}$$

$$\text{Fe}^{3+} + \text{e}^- \rightleftharpoons \text{Fe}^{2+} \tag{b}$$

の2つの半電池から構成されている.よって,電池の起電力は,それぞれの半電池における電位 E_{Ce} ならびに E_{Fe} の差で求める.まず,ネルンストの式より,E_{Ce} と E_{Fe} を求める.

$$E_{Ce} = E°_{Ce^{4+}/Ce^{3+}} + \frac{0.0592}{1} \log \frac{[Ce^{4+}]}{[Ce^{3+}]} = 1.61 + 0.0592 \log \frac{2 \times 10^{-4}}{2 \times 10^{-1}} = 1.43$$

$$E_{Fe} = E°_{Fe^{3+}/Fe^{2+}} + \frac{0.0592}{1} \log \frac{[Fe^{3+}]}{[Fe^{2+}]} = 0.771 + 0.0592 \log \frac{2.0}{2 \times 10^{-2}} = 0.889$$

したがって電池の起電力は,

$$E = E_{Ce} - E_{Fe} = 1.43 - 0.889 = 0.541 \text{ V}$$

3) 平衡と電位の関係

物質1と物質2が関与する酸化還元平衡は,

$$a\text{Ox}_1 + b\text{Red}_2 \rightleftarrows a\text{Red}_1 + b\text{Ox}_2 \tag{6.60}$$

これは, Ox_1/Red_1 系(式 6.61)と Ox_2/Red_2 系(式 6.62)から成り立つ.

$$a\text{Ox}_1 + ne^- \rightleftarrows a\text{Red}_1 \tag{6.61}$$

$$b\text{Ox}_2 + ne^- \rightleftarrows b\text{Red}_2 \tag{6.62}$$

式(6.61), 式(6.62)それぞれの電位は次のようになる.

$$E_1 = E_1° + \frac{0.0592}{n} \log \frac{[\text{Ox}_1]^a}{[\text{Red}_1]^a} \tag{6.63}$$

$$E_2 = E_2° + \frac{0.0592}{n} \log \frac{[\text{Ox}_2]^b}{[\text{Red}_2]^b} \tag{6.64}$$

平衡状態の電位を E_{eq} とすると, $E_{eq} = E_1 = E_2$ となる. 式(6.63)と式(6.64)を加えて式(6.65)が得られる.

$$2E_{eq} = E_1° + E_2° + \frac{0.0592}{n} \log \frac{[\text{Ox}_1]^a[\text{Ox}_2]^b}{[\text{Red}_1]^a[\text{Red}_2]^b} \tag{6.65}$$

Ox_1 と Red_1 が等モルであったとすると log を含む項が消えて, 式(6.66)の関係が得られる.

$$E_{eq} = \frac{1}{2}(E_1° + E_2°) \tag{6.66}$$

平衡定数と電位の関係は, $E_1 = E_2$ であるので式(6.63)と式(6.64)を用いて整理すると, 式(6.67)のようになる.

$$E_1° - E_2° = \frac{0.0592}{n} \log \frac{[\text{Ox}_2]^b[\text{Red}_1]^a}{[\text{Ox}_1]^a[\text{Red}_2]^b} = \frac{0.0592}{n} \log K \tag{6.67}$$

式(6.68)として覚えておこう.

$$\log K = \frac{n}{0.0592}(E_1° - E_2°) \tag{6.68}$$

例題22 次の酸化還元反応における平衡定数を求めよ.

$$2\text{Cu}^+ \rightleftarrows \text{Cu}^{2+} + \text{Cu}$$

ただし, 標準酸化還元電位は $E°_{Cu^{2+}/Cu} = 0.337$ V, $E°_{Cu^+/Cu} = 0.521$ V とする.

解答 式 (6.68) より,

$$\log K = \frac{n}{0.0592}(E°_{Cu^+/Cu} - E°_{Cu^{2+}/Cu}) = \frac{2}{0.0592}(0.521 - 0.337) = 6.22$$

よって,$K = 10^{6.22} = 1.66 \times 10^6$

7 水素イオン濃度について

1 水素イオン濃度とは

酸 HA の電離を考えよう．

$$\text{HA} + \text{H}_2\text{O} \rightleftharpoons \text{H}_3\text{O}^+ + \text{A}^-$$
　酸　　塩基　　　酸　　　塩基

共役（H₂O と H₃O⁺）
共役（HA と A⁻）

水素イオン濃度

溶液中で電離平衡状態にある水素イオン（H^+）のモル濃度．
H^+ は，水溶液中では水和した H_3O^+ の形となっているので，ヒドロニウムイオンあるいはオキソニウムイオンとも呼ばれる．
分析化学では，$[\text{H}^+]$ と $[\text{H}_3\text{O}^+]$ が同じ意味で用いられている．

弱酸 HA の水溶液
（水を省略して描いている）

弱酸 HA の水溶液
（水を省略しないで描いている）

$\text{HA} \rightleftharpoons \text{H}^+ + \text{A}^-$ の電離平衡

$\text{HA} + \text{H}_2\text{O} \rightleftharpoons \text{H}_3\text{O}^+ + \text{A}^-$ の電離平衡

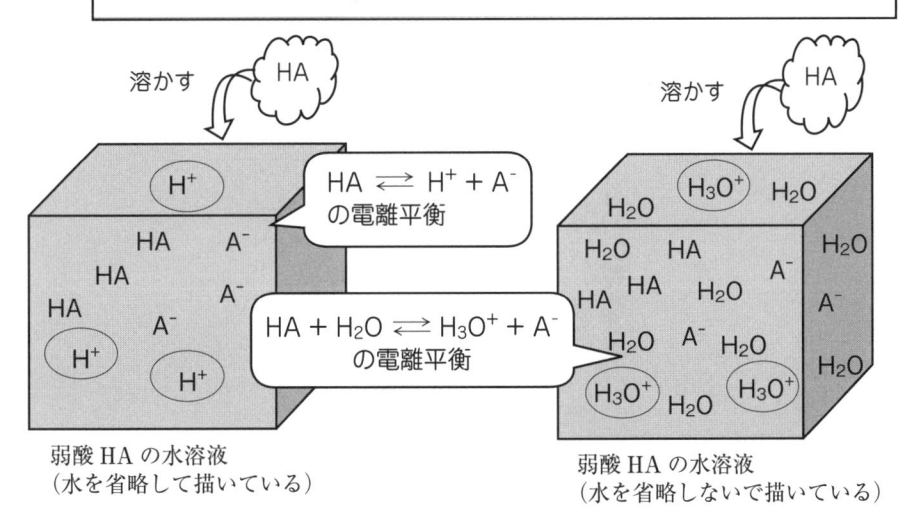

図 7.1　水素イオン濃度

このような平衡状態にある H_3O^+（H^+ とも示す）のモル濃度（mol/L）を $[H_3O^+]$（$[H^+]$ とも書く）と表現して，水素イオン濃度と呼んでいる（図7.1）.

❷ 水の電離について

1）水も極くわずかではあるが電離している

　純粋な水（純水）の分子も，きわめてわずかに電離（解離）してオキソニウムイオン H_3O^+ と水酸化物イオン OH^- を生じ，未解離の水分子 H_2O と平衡を保っている（図7.2）．この平衡を水の**自己解離**平衡と呼ぶ．

$$H_2O + H_2O \rightleftharpoons H_3O^+ + OH^- \tag{7.1}$$

このとき，モル濃度を [ ] で表して**質量作用の法則**を適用すれば，温度および圧力が一定ならば一定の値をとる平衡定数 K_{eq} は

$$K_{eq} = \frac{[H_3O^+][OH^-]}{[H_2O][H_2O]} \tag{7.2}$$

となるが，活量を用いて表現すると

$$K_{eq} = \frac{\alpha_{H_3O^+} \times \alpha_{OH^-}}{\alpha_{H_2O} \times \alpha_{H_2O}} \quad \text{となり，}$$

$\alpha_{H_2O} = 1$, $\alpha_{H_3O^+} = [H_3O^+]$, $\alpha_{OH^-} = [OH^-]$ であるので，

$$\text{平衡定数は} \quad K_{eq} = [H_3O^+][OH^-] \tag{7.3}$$

であり，通常 K_w で表す．

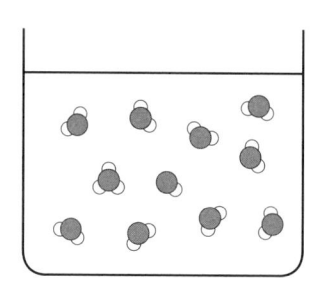

図7.2　水の電離

第7章 水素イオン濃度について

水の電離（自己電離）平衡：
$H_2O + H_2O \rightleftarrows H_3O^+ + OH^-$
あるいは次式で表される．
$H_2O \rightleftarrows H^+ + OH^-$

水のイオン積は，
$K_w = [H_3O^+][OH^-] = 10^{-14}$
あるいは次式で表される．
$K_w = [H^+][OH^-] = 10^{-14}$

pH

ピーエイチ，水素イオン指数，ペーハーなどと呼ばれている．
水素イオン濃度を次式で表す． pH＝－log[H$^+$]

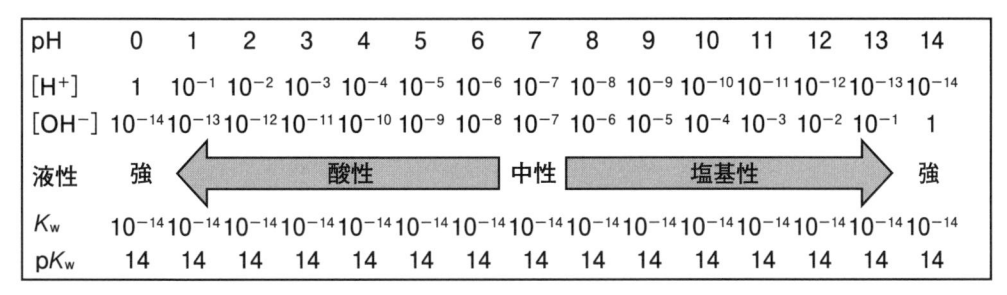

pH	0	1	2	3	4	5	6	7	8	9	10	11	12	13	14
[H$^+$]	1	10^{-1}	10^{-2}	10^{-3}	10^{-4}	10^{-5}	10^{-6}	10^{-7}	10^{-8}	10^{-9}	10^{-10}	10^{-11}	10^{-12}	10^{-13}	10^{-14}
[OH$^-$]	10^{-14}	10^{-13}	10^{-12}	10^{-11}	10^{-10}	10^{-9}	10^{-8}	10^{-7}	10^{-6}	10^{-5}	10^{-4}	10^{-3}	10^{-2}	10^{-1}	1
液性	強 ←		酸性					中性			塩基性			→ 強	
K_w	10^{-14}	10^{-14}	10^{-14}	10^{-14}	10^{-14}	10^{-14}	10^{-14}	10^{-14}	10^{-14}	10^{-14}	10^{-14}	10^{-14}	10^{-14}	10^{-14}	10^{-14}
pK_w	14	14	14	14	14	14	14	14	14	14	14	14	14	14	14

図7.3 25℃における，水素イオン濃度，pH，水溶液中のpK_wを確認しよう．

25℃，1気圧の場合は，

$$K_w = [H_3O^+][OH^-] = 1.0 \times 10^{-14} ((mol/L)^2) \tag{7.4}$$

である．このK_wを**水のイオン積**という．

純水の場合，オキソニウムイオンH_3O^+と水酸化物イオンOH^-の濃度は等しく，

$$[H_3O^+] = [OH^-] = 1.0 \times 10^{-7} (mol/L)$$

また，水素イオン濃度をpH，すなわち，pH＝－log[H_3O^+]で表すことが多く（図7.3），純水のpHは7.0ということになる．

2）液性（pH）はどうであれ，水のイオン積は一定である．

酸や塩基が溶存している場合（酸あるいは塩基の水溶液）でも，25℃，1気圧であるならば水のイオン積K_wは常に一定（＝1.0×10^{-14}）である．

また，水溶液中で互いに共役な酸，塩基の酸解離定数K_aと塩基解離定数K_bについては次式のような関係が成り立つ．25℃，1気圧の場合は，

$$K_w = K_a \cdot K_b = 1.0 \times 10^{-14} ((mol/L)^2) \tag{7.5}$$

3）水のイオン積は温度により変化する．

水の電離は吸熱反応であるため，温度上昇とともに増大する．すなわち，水の**電離度**も，高温になるほど大きくなる．**電離度**は一般に濃度が小さく，温度が高くなるほど大きくなる．[H_3O^+]

＝[OH⁻]の液性を中性と呼び，表7.1から明らかなように，0℃ではpH＝7.47，100℃ではpH＝6.15が中性の水溶液である．

表7.1 水の自己解離に及ぼす温度の影響

℃	K_w	pK_w	pH（中性）
0	1.14×10^{-15}	14.94	7.47
10	2.92×10^{-15}	14.53	7.27
15	4.47×10^{-15}	14.35	7.18
20	6.81×10^{-15}	14.17	7.08
25	1.01×10^{-14}	14.00	7.00
30	1.48×10^{-14}	13.83	6.92
40	2.95×10^{-14}	13.53	6.77
50	5.48×10^{-14}	13.26	6.63
60	9.55×10^{-14}	13.02	6.51
80	2.34×10^{-13}	12.63	6.32
100	5.13×10^{-13}	12.29	6.15

4） 水（H₂O）のpK_aについて

25℃，1気圧のとき水の密度は1.00 g/cm³，分子量18であるので，水のモル濃度[H₂O]は

$$[H_2O] = 1.00 \times 1000 \div 18 \fallingdotseq 55.6 \, (\text{mol/L}) \tag{7.6}$$

また，水の**自己解離（電離）**平衡より

$$K_{eq} = \frac{[H_3O^+][OH^-]}{[H_2O][H_2O]} \tag{7.2}$$

よって水の酸解離定数 $K_a = K_{eq}[H_2O] = \dfrac{[H_3O^+][OH^-]}{[H_2O]}$ (7.3)

式（7.4）および式（7.6）より

$$pK_a = -\log K_a = -\log \frac{1.0 \times 10^{-14}}{55.6} \fallingdotseq 15.7$$

以上のように，25℃，1気圧のとき水のpK_aは15.7と算出することができる．

❸ 酸・塩基の強弱

1）電離度は濃度が変わると変わってしまう

　酸や塩基は水に溶かすと陽イオンと陰イオンに電離するが，この酸・塩基の電離する程度を**電離度** α で表す．濃度が大きいときでも**電離度**が1に近い酸・塩基を強酸・強塩基（図7.4（a））と呼び，逆に**電離度が1より著しく小さい**酸・塩基を弱酸・弱塩基（図7.4（b））と呼ぶ（表7.2）．

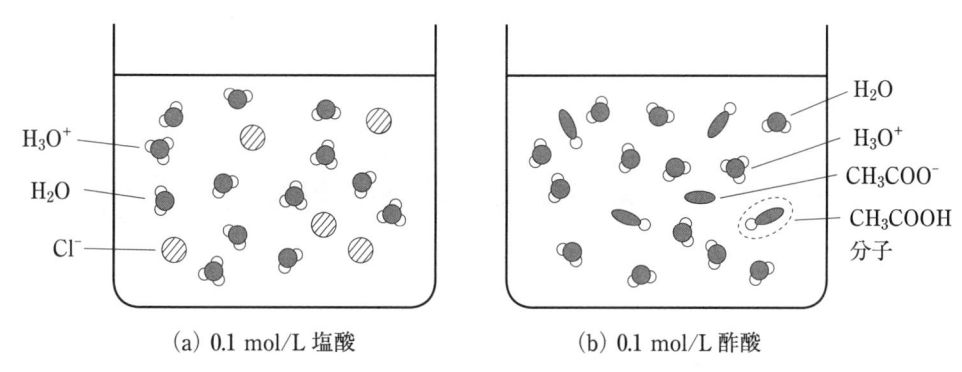

(a) 0.1 mol/L 塩酸　　　　(b) 0.1 mol/L 酢酸

図 7.4　強酸と弱酸の電離

表 7.2　代表的な酸・塩基の価数と強弱

強　酸	弱　酸	価　数	強塩基	弱塩基
塩酸 HCl	酢酸 CH$_3$COOH	1価	水酸化ナトリウム NaOH	アンモニア NH$_3$
硫酸 H$_2$SO$_4$	シュウ酸 (COOH)$_2$	2価	水酸化バリウム Ba(OH)$_2$	水酸化銅(Ⅱ) Cu(OH)$_2$
	リン酸 H$_3$PO$_4$	3価		水酸化鉄(Ⅲ) Fe(OH)$_3$
	エチレンジアミン四酢酸 (HOOCCH$_2$)$_2$NCH$_2$CH$_2$N(CH$_2$COOH)$_2$	4価		

2）酸解離定数・塩基解離定数は電離度の関数として表すことができる

　前項で，酸・塩基の強弱は，**電離度**に依存することを述べたが，**電離度** α は濃度により大きく影響を受け固有な値をとらないので一般化して用いることは困難である．
　一方，圧力および温度が一定であるならば濃度に関係なく（通常の濃度範囲では），各種の酸・塩基は，固有の値としての**酸解離定数** K_a または**塩基解離定数** K_b をもつ．この K_a は，酸と

酸	化学式	pK_a	共役塩基	化学式	pK_b	pK_a+pK_b
酢酸	CH_3COOH	4.74	酢酸イオン	CH_3COO^-	9.26	14
シュウ酸	$(COOH)_2$	1.19	シュウ酸水素イオン	$HOOCCOO^-$	12.81	14
シュウ酸水素イオン	$HOOCCOO^-$	4.21	シュウ酸イオン	$^-OOCCOO^-$	9.79	14
リン酸	H_3PO_4	2.12	リン酸二水素イオン	$H_2PO_4^-$	11.88	14
リン酸二水素イオン	$H_2PO_4^-$	7.21	リン酸水素イオン	HPO_4^{2-}	6.79	14
リン酸水素イオン	HPO_4^{2-}	12.32	リン酸イオン	PO_4^{3-}	1.68	14

共役酸	化学式	pK_a	塩基	化学式	pK_b	pK_a+pK_b
アンモニウムイオン	NH_4^+	9.26	アンモニア	NH_3	4.74	14

酸が強いとその共役塩基は弱い

塩基が強いとその共役酸は弱い

図 7.5　25°Cにおける共役酸塩基対の pK_a と pK_b

しての強さを表す数値であり，K_a の値が大きいほど酸として強い．同様に，K_b は塩基としての強さを表す数値であり，K_b の値が大きいほど塩基として強い．K_a や K_b は非常に小さい数値なので，しばしば pK_a（$= -\log K_a$）や pK_b（$= -\log K_b$）が用いられる．pK_a の値が小さいほど酸としては強く，pK_b の値が小さいほど塩基としては強いことになる（図 7.5 参照）．

さらに，酸・塩基の濃度および**電離度**（濃度によって異なる値をとる）が与えられれば，酸解離定数 K_a や塩基解離定数 K_b を計算することができる．

たとえば，C mol/L 酢酸 CH_3COOH の場合，平衡反応式は

$$CH_3COOH + H_2O \rightleftharpoons H_3O^+ + CH_3COO^- \tag{7.7}$$

と書ける．

質量作用の法則より

$$K_a = \frac{[H_3O^+][CH_3COO^-]}{[CH_3COOH]} \tag{7.8}$$

このとき，**電離度**を α とすると

$$[H_3O^+] = C\alpha \tag{7.9}$$
$$[CH_3COO^-] = C\alpha \tag{7.10}$$
$$[CH_3COOH] = (1-\alpha)C \tag{7.11}$$

となるので，式 (7.8) より

$$K_a = \frac{C\alpha \times C\alpha}{(1-\alpha)C} = \frac{C\alpha^2}{1-\alpha} \tag{7.12}$$

式 (7.12) において，濃度 C があまり小さくない（$C > 100\,K_\mathrm{a}$）場合，**電離度** α は十分に小さな値となり $1 - \alpha \fallingdotseq 1$ と近似でき，

$$K_\mathrm{a} = C\alpha^2 \tag{7.13}$$

という関係が成り立つ．

3) 酸解離定数・塩基解離定数と濃度が与えられると，水素イオン濃度すなわち pH を計算することができる

上記の関係から，弱酸・弱塩基の水素イオン濃度 $[\mathrm{H_3O^+}]$ を求めようとすると，

$$\text{式(7.13) より}\quad \alpha = \sqrt{\frac{K_\mathrm{a}}{C}} \tag{7.14}$$

$$\text{式(7.9) より}\quad [\mathrm{H_3O^+}] = C\alpha = C \times \sqrt{\frac{K_\mathrm{a}}{C}} = \sqrt{C \cdot K_\mathrm{a}} \tag{7.15}$$

となる．

$$\begin{aligned}
\text{よって，pH} &= -\log[\mathrm{H_3O^+}] = -\log\left(\sqrt{C \cdot K_\mathrm{a}}\right) = -\log\left(C \cdot K_\mathrm{a}\right)^{\frac{1}{2}} \\
&= -\frac{1}{2}\log\left(C \cdot K_\mathrm{a}\right) \\
&= -\frac{1}{2}\log C - \frac{1}{2}\log K_\mathrm{a} \\
&= \frac{1}{2}\mathrm{p}K_\mathrm{a} - \frac{1}{2}\log C \\
&= \frac{1}{2}(\mathrm{p}K_\mathrm{a} - \log C)
\end{aligned} \tag{7.16}$$

8 強酸と強塩基の pH

水溶液中では，強酸と強塩基は完全に電離していると考えてもよく，水素イオン（オキソニウムイオン）濃度［H_3O^+］または水酸化物イオン濃度［OH^-］は，加えられた酸または塩基の分析濃度より直接計算することができる．

1 強酸の pH を求めよう

例題 1 0.1 mol/L HCl の pH を求めよ．

解答 0.1 mol/L HCl 水溶液中では

$$HCl + H_2O \longrightarrow H_3O^+ + Cl^- \tag{8.1}$$

の平衡反応はほぼ 100％ 右辺に片寄っており，生成する H_3O^+ の濃度（mol/L）は，初めの HCl の濃度にほぼ等しくなり，

$$[H_3O^+] = 0.1 \,(\text{mol/L})$$
$$\therefore \quad pH = -\log[H_3O^+] = -\log 0.1 = -\log 10^{-1} = 1.0 \tag{8.2}$$

と計算できる．

例題 2 10^{-8} mol/L HCl の pH を求めよ．

解答 10^{-8} mol/L HCl 水溶液の pH を考えてみる（図 7.3）．上記の方法で pH を計算すると

$$[H_3O^+] = 10^{-8} \,(\text{mol/L})$$
$$\therefore \quad pH = -\log[H_3O^+] = 8.0$$

となり，塩酸溶液であるにもかかわらず，液性は**塩基性**を示すことになる．

この矛盾は，水溶液中で生じている水の電離（**自己解離**）を無視していることによる．そ

こで，次の3つの基本的な式をたてることにより求めよう．

（Ⅰ）「水のイオン積」，式（7.4）より

$$[H_3O^+][OH^-] = 1.0 \times 10^{-14} \tag{8.3}$$

（Ⅱ）「電荷均衡則」《すべての溶液は電気的に中性であり，溶液中の正電荷の総和は，負電荷の総和に等しい．》より，溶液中の陽電荷数と陰電荷数は等しくなるから

$$[H_3O^+] = [Cl^-] + [OH^-] \tag{8.4}$$

（Ⅲ）「質量均衡則」《ある酸または塩基を溶解した場合，溶解する前とは異なる化学種として存在する場合が多いが，初めに加えた酸または塩基の濃度は，化学種が異なってもその総和に等しい．》より

$$10^{-8} = [HCl] + [Cl^-] \tag{8.5}$$

ここで，HCl は，ほぼ100％電離しているので [HCl] = 0 となり，
式（8.5）は，

$$10^{-8} = [Cl^-] \tag{8.6}$$

となる．

式（8.4）より，$[Cl^-] = [H_3O^+] - [OH^-]$

さらに，式（8.6）より，$10^{-8} = [H_3O^+] - [OH^-]$

よって，$[OH^-] = [H_3O^+] - 10^{-8}$ \tag{8.7}

となる．

式（8.7）を式（8.3）に代入すると

$$[H_3O^+]([H_3O^+] - 10^{-8}) = 1.0 \times 10^{-14}$$

移項，変形すると

$$[H_3O^+]^2 - 10^{-8}[H_3O^+] - 10^{-14} = 0 \tag{8.8}$$

となり，水素イオン濃度 $[H_3O^+]$ に関する二次方程式が導かれる．

この二次方程式を解くと，

《二次方程式の解の公式

$ax^2 + bx + c = 0 \quad (a \neq 0, \ x > 0)$ の解

$$x = \frac{-b + \sqrt{b^2 - 4ac}}{2a}$$ 》より

$$[H_3O^+] = \frac{10^{-8} + \sqrt{10^{-16} + 4 \times 10^{-14}}}{2}$$

$$= \frac{10^{-8} + \sqrt{401 \times 10^{-16}}}{2}$$

$$= \frac{1 + \sqrt{401}}{2} \times 10^{-8}$$

$$\fallingdotseq 10.5 \times 10^{-8}$$

∴ pH $= -\log(10.5 \times 10^{-8}) \fallingdotseq -1.02 + 8 = 6.98$

となり，酸性を示すpHを求めることができる．

このように，酸の濃度が極度に低濃度の場合には，水の電離（**自己解離**）による水素イオン濃度を考慮する必要がある．

また，確かめとして先程の例題1の0.1 mol/L HCl水溶液を上記二次方程式を利用して計算すると，

$$[H_3O^+]^2 - 10^{-1}[H_3O^+] - 10^{-14} = 0$$

が導かれ，

$$[H_3O^+] = \frac{10^{-1} + \sqrt{10^{-2} + 4 \times 10^{-14}}}{2}$$

$$= \frac{10^{-1} + \sqrt{(1 + 4 \times 10^{-12}) \times 10^{-2}}}{2}$$

$$= \frac{1 + \sqrt{1 + 4 \times 10^{-12}}}{2} \times 10^{-1}$$

$$\fallingdotseq 10^{-1}$$

∴ pH = 1.0　となり，

「$[H_3O^+]$は溶液中のHClの濃度に等しい」とした近似的計算結果と一致する．

以上，まとめると，強酸（1価）の濃度をC(mol/L)とすると，そのときの水素イオン濃度を求める二次方程式は

$$[H_3O^+]^2 - C[H_3O^+] - 10^{-14} = 0 \tag{8.9}$$

で表される．

2 強塩基のpHを求めよう

例題3　0.05 mol/L NaOHのpHを求めよ．

解答　0.05 mol/L NaOH水溶液中では

$$NaOH \longrightarrow Na^+ + OH^- \tag{8.10}$$

となり，先と同様に

$$[OH^-] = 0.05 \,(mol/L)$$

$$pOH = -\log[OH^-] = -\log 0.05 = -\log \frac{0.1}{2} = -\log \frac{10^{-1}}{2}$$

$$= -(\log 10^{-1} - \log 2) \fallingdotseq -(-1 - 0.30) = 1.3$$

∴ pH = 14 - pOH = 14 - 1.3 = 12.7

となる．

第8章　強酸と強塩基のpH

例題 4　10^{-7} mol/L NaOH 水溶液の pH を求めよ．

解答　10^{-7} mol/L NaOH 水溶液を考えてみると，
例題3の方法で pH を計算すると
$$[\text{OH}^-] = 10^{-7}\,(\text{mol/L})$$
$$\therefore\ \text{pH} = -\log[\text{H}_3\text{O}^+] = 7.0$$
となり，水酸化ナトリウム水溶液であるにもかかわらず，液性は中性を示すことになる．この矛盾は，水溶液中で生じている水の電離（**自己解離**）を無視していることによる．例題2の場合と同様に，次の3つの基本的な式を立てることにより求めよう．

（Ⅰ）「水のイオン積」より
$$[\text{H}_3\text{O}^+][\text{OH}^-] = 1.0 \times 10^{-14} \tag{8.11}$$

（Ⅱ）「電荷均衡則」より
$$[\text{H}_3\text{O}^+] + [\text{Na}^+] = [\text{OH}^-] \tag{8.12}$$

（Ⅲ）「質量均衡則」より
$$10^{-7} = [\text{NaOH}] + [\text{Na}^+] \tag{8.13}$$

ここで，NaOH は，ほぼ100%電離しているので $[\text{NaOH}] = 0$ となり，
式 (8.13) は，
$$10^{-7} = [\text{Na}^+] \tag{8.14}$$
となる．

式 (8.12) より，$[\text{Na}^+] = [\text{OH}^-] - [\text{H}_3\text{O}^+]$
さらに，式 (8.14) より，$10^{-7} = [\text{OH}^-] - [\text{H}_3\text{O}^+]$
よって，$[\text{OH}^-] = [\text{H}_3\text{O}^+] + 10^{-7}$ (8.15)
となる．

式 (8.15) を式 (8.11) に代入すると
$$[\text{H}_3\text{O}^+]([\text{H}_3\text{O}^+] + 10^{-7}) = 1.0 \times 10^{-14}$$

移項，変形すると
$$[\text{H}_3\text{O}^+]^2 + 10^{-7}[\text{H}_3\text{O}^+] - 10^{-14} = 0 \tag{8.16}$$
となり，水素イオン濃度 $[\text{H}_3\text{O}^+]$ に関する二次方程式が導かれる．

二次方程式の解の公式より（また，$\sqrt{5} = 2.24$ とすると）
$$[\text{H}_3\text{O}^+] = \frac{-10^{-7} + \sqrt{10^{-14} + 4 \times 10^{-14}}}{2}$$
$$= \frac{-1 + \sqrt{5}}{2} \times 10^{-7}$$
$$= \frac{-1 + 2.24}{2} \times 10^{-7}$$
$$= 0.62 \times 10^{-7}$$
$$\therefore\ \text{pH} = -\log(0.62 \times 10^{-7}) \fallingdotseq 7 + 0.21 = 7.21$$

となり，塩基性を示す pH を求めることができる．

9 弱酸と弱塩基の pH

1 弱酸の pH を求めよう

例題1 0.1 mol/L CH$_3$COOH 水溶液の pH を求めよ．

解答 0.1 mol/L CH$_3$COOH 水溶液（pK_a = 4.76, K_a = 1.74 × 10^{-5}）の場合

弱酸の場合は，強酸とは異なり，その電離はわずかである．そのため弱酸の pH は，その濃度のほかに，その酸に固有の酸解離定数（K_a）の値によって大きく影響される．

0.1 mol/L CH$_3$COOH 水溶液中では

$$CH_3COOH + H_2O \rightleftarrows H_3O^+ + CH_3COO^- \tag{9.1}$$
$$H_2O + H_2O \rightleftarrows H_3O^+ + OH^- \tag{7.1}$$

となり，この溶液中に存在する化学種は，CH$_3$COOH，CH$_3$COO$^-$，H$_3$O$^+$ および OH$^-$ の4種であり（H$_2$O はほとんど濃度変化がないので考慮しない），それらの間には，第8章でもふれた以下のような関係が存在する．

★「電荷均衡則」より，溶液中の陽電荷数と陰電荷数は等しくなるから

$$[H_3O^+] = [CH_3COO^-] + [OH^-] \tag{9.2}$$

★「質量均衡則」より

$$0.1 = [CH_3COOH] + [CH_3COO^-] \tag{9.3}$$

また，酸解離定数（K_a）は，平衡反応式 (9.1) より

$$K_a = \frac{[H_3O^+][CH_3COO^-]}{[CH_3COOH]} \tag{9.4}$$

式 (9.2) より [CH$_3$COO$^-$] = [H$_3$O$^+$] − [OH$^-$] (9.5)

式 (9.3) より [CH$_3$COOH] = 0.1 − [CH$_3$COO$^-$]

これに式 (9.5) を代入して [CH$_3$COOH] = 0.1 − ([H$_3$O$^+$] − [OH$^-$]) (9.6)

式 (9.4) に式 (9.5) および式 (9.6) を代入すると

$$K_a = \frac{[H_3O^+]([H_3O^+]-[OH^-])}{0.1-([H_3O^+]-[OH^-])} \tag{9.7}$$

ここで，この溶液は酸性（pH＜6）を示すから，$[H_3O^+] \gg [OH^-]$であるので，$[H_3O^+]-[OH^-] \fallingdotseq [H_3O^+]$と近似でき，式 (9.7) は

$$K_a = \frac{[H_3O^+]^2}{0.1-[H_3O^+]} \tag{9.8}$$

と変形でき，また弱酸の場合，その電離はわずかなので $0.1 \gg [H_3O^+]$ である．したがって，式 (9.8) は

$$K_a = \frac{[H_3O^+]^2}{0.1} \tag{9.9}$$

となる．

式 (9.9) を変形すると，$[H_3O^+]^2 = 0.1\,K_a$
すなわち $[H_3O^+] = \sqrt{0.1 \cdot K_a}$
となり，第 7 章の式 (7.15) および式 (7.16) と同等となる．

$$\begin{aligned}
pH &= -\log[H_3O^+] = -\log(\sqrt{C \cdot K_a}) \\
&= -\log\sqrt{0.1 \times 1.74 \times 10^{-5}} \\
&= -\log\sqrt{1.74 \times 10^{-6}}
\end{aligned}$$

$$pH \fallingdotseq 2.88$$

式 (7.16) からも

$$pH = -\log[H_3O^+] = \frac{1}{2}(pK_a - \log C)$$

$$= \frac{1}{2} \times (4.76 + 1) = 2.88$$

と計算できる．

② 弱塩基の pH を求めよう

例題 2 0.1 mol/L NH₃ 水溶液（アンモニア水）の pH を求めよ．

解答 0.1 mol/L NH₃ 水溶液（$pK_b = 4.76$，$K_b = 1.74 \times 10^{-5}$）の場合
0.1 mol/L NH₃ 水溶液中では

$$NH_3 + H_2O \rightleftharpoons NH_4^+ + OH^- \tag{9.10}$$

$$H_2O + H_2O \rightleftharpoons H_3O^+ + OH^- \tag{7.1}$$

弱酸の場合と同様に，

★「電荷均衡則」より，溶液中の陽電荷数と陰電荷数は等しくなるから

$$[H_3O^+] + [NH_4^+] = [OH^-] \tag{9.11}$$

★「質量均衡則」より

$$0.1 = [NH_3] + [NH_4^+] \tag{9.12}$$

また，塩基解離定数 (K_b) は，平衡反応式 (9.10) より

$$K_b = \frac{[NH_4^+][OH^-]}{[NH_3]} \tag{9.13}$$

式 (9.11) より

$$[NH_4^+] = [OH^-] - [H_3O^+] \tag{9.14}$$

式 (9.12) および 式 (9.14) より

$$\begin{aligned}[NH_3] &= 0.1 - [NH_4^+] \\ &= 0.1 - ([OH^-] - [H_3O^+])\end{aligned} \tag{9.15}$$

よって式 (9.13) より

$$K_b = \frac{([OH^-] - [H_3O^+])[OH^-]}{0.1 - ([OH^-] - [H_3O^+])} \tag{9.16}$$

ここで，この溶液は塩基性（pH＞8）を示すから，$[OH^-] \gg [H_3O^+]$ であるので，$[OH^-] - [H_3O^+] \fallingdotseq [OH^-]$ と近似でき，式 (9.16) は

$$K_b = \frac{[OH^-]^2}{0.1 - [OH^-]} \tag{9.17}$$

と変形でき，また弱塩基の場合，その電離はわずかなので $0.1 \gg [OH^-]$ である．
したがって，式 (9.17) は

$$K_b = \frac{[OH^-]^2}{0.1} \tag{9.18}$$

となる．
式 (9.18) を変形すると，$[OH^-]^2 = 0.1\, K_b$

$$\text{すなわち} \quad [OH^-] = \sqrt{0.1 \cdot K_b} \tag{9.19}$$

水のイオン積の関係は，純水においてのみならず，酸または塩基の水溶液においても成立するので，

$$K_w = [H_3O^+][OH^-] = 1.0 \times 10^{-14}\,((\text{mol/L})^2) \tag{7.4}$$

より式 (9.19) は，

$$\frac{K_w}{[H_3O^+]} = \sqrt{0.1 \cdot K_b}$$

$$[H_3O^+] = \frac{K_w}{\sqrt{0.1 K_b}} \tag{9.20}$$

したがって

$$\text{pH} = -\log[H_3O^+] = pK_w - \frac{1}{2}(-\log 0.1 - \log K_b)$$

$$= pK_w - \frac{1}{2}(1 + pK_b)$$

$$= 14 - \frac{1}{2}(1 + 4.76)$$

$$= 14 - 2.88$$

$$= 11.12$$

以上，まとめると，25℃の時，弱塩基（1価）の濃度を $C\,(\mathrm{mol/L})$ とすると，そのときの pH は

$$\mathrm{pH} = pK_w + \frac{1}{2}(\log C - pK_b) \tag{9.21}$$

で表される．

10 塩のpH

1 弱酸-強塩基の塩のpHを求めよう

塩は，酸と塩基との中和反応により生じた生成物であり，その多くは水溶液中でほとんど完全に電離している．弱酸である酢酸（CH_3COOH）と強塩基である水酸化ナトリウム（$NaOH$）との塩，すなわち，酢酸ナトリウム（CH_3COONa）水溶液の場合，下記のような電離平衡が成り立つ．

$$CH_3COONa \longrightarrow CH_3COO^- + Na^+ \tag{10.1}$$

$$CH_3COO^- + H_2O \rightleftarrows CH_3COOH + OH^- \tag{10.2}$$

$$H_2O + H_2O \rightleftarrows H_3O^+ + OH^- \tag{7.1}$$

酢酸ナトリウム（CH_3COONa）水溶液では，酢酸（CH_3COOH）の共役塩基である酢酸イオン（CH_3COO^-）が，水素イオン（プロトン）を受け取ることができる塩基として働き，水酸化物イオン（OH^-）を遊離するので，塩基性を示すこととなる．

酢酸ナトリウム（CH_3COONa）水溶液の濃度をC mol/Lとすると，第9章同様に，

★「電荷均衡則」より，溶液中の陽電荷数と陰電荷数は等しくなるから

$$[Na^+] + [H_3O^+] = [CH_3COO^-] + [OH^-] \tag{10.3}$$

★「質量均衡則」より

$$C = [Na^+] \tag{10.4}$$

$$C = [CH_3COO^-] + [CH_3COOH] \tag{10.5}$$

また，酢酸イオン（CH_3COO^-）の塩基解離定数は

$$K_b = \frac{[CH_3COOH][OH^-]}{[CH_3COO^-]} \tag{10.6}$$

式（10.4）より式（10.3）を変形すると，

$$[CH_3COO^-] = C + [H_3O^+] - [OH^-]$$
$$= C - ([OH^-] - [H_3O^+]) \tag{10.7}$$

式 (10.5) より

$$[CH_3COOH] = C - [CH_3COO^-]$$
$$= C - (C + [H_3O^+] - [OH^-])$$
$$= [OH^-] - [H_3O^+] \tag{10.8}$$

式 (10.6) に式 (10.7) および式 (10.8) を代入すると,

$$K_b = \frac{([OH^-] - [H_3O^+])[OH^-]}{C - ([OH^-] - [H_3O^+])} \tag{10.9}$$

ここで, この溶液は塩基性 (pH > 8) を示すから, $[OH^-] \gg [H_3O^+]$ であるので,

$$[OH^-] - [H_3O^+] \fallingdotseq [OH^-]$$

と近似でき, 式 (10.9) は

$$K_b = \frac{[OH^-]^2}{C - [OH^-]} \tag{10.10}$$

と変形でき, また弱酸の共役塩基の場合, $C \gg [OH^-]$ が成り立つ.
したがって, 式 (10.10) は, 第 9 章の式 (9.18) に相当する

$$K_b = \frac{[OH^-]^2}{C} \tag{10.11}$$

となる.
式 (10.11) を変形すると, $[OH^-]^2 = C \cdot K_b$
すなわち, 第 9 章の式 (9.19) に相当する

$$[OH^-] = \sqrt{C \cdot K_b} \tag{10.12}$$

となる.
水のイオン積の関係は, 純水においてのみならず, 酸または塩基の水溶液においても成立するので,

$$K_w = [H_3O^+][OH^-] = 1.0 \times 10^{-14} ((mol/L)^2) \tag{7.4}$$

より式 (10.12) は,

$$\frac{K_w}{[H_3O^+]} = \sqrt{C \cdot K_b}$$

$$[H_3O^+] = \frac{K_w}{\sqrt{C \cdot K_b}} \tag{10.13}$$

したがって

$$pH = -\log[H_3O^+] = pK_w - \frac{1}{2}(-\log C - \log K_b)$$

$$= pK_w + \frac{1}{2}\log C - \frac{1}{2}pK_b \tag{10.14}$$

この式 (10.14) は, 第 9 章の式 (9.21) と等価である. また,

$$K_w = K_a \cdot K_b = 1.0 \times 10^{-14} ((mol/L)^2) \tag{7.5}$$

すなわち, $pK_w = pK_a + pK_b$ でもあるので,
式 (10.14) は

$$\mathrm{pH} = \frac{1}{2} \log C + \frac{1}{2} \mathrm{p}K_\mathrm{a} + \frac{1}{2} \mathrm{p}K_\mathrm{w} \tag{10.15}$$

$$= \frac{1}{2} (\log C + \mathrm{p}K_\mathrm{a} + \mathrm{p}K_\mathrm{w})$$

となる．

したがって，弱酸-強塩基の塩の溶液は，弱塩基（弱酸 pK_a の共役塩基 CH_3COO^-）の溶液として扱うことができる．

例題 1 0.1 mol/L 酢酸ナトリウム（CH_3COONa）水溶液の pH（酢酸の pK_a = 4.76）を求めよ．

解答 式（10.15）の近似式を利用すると

$$\mathrm{pH} = \frac{1}{2}(\log 0.1 + 4.76 + 14)$$

$$= 8.88$$

2 強酸-弱塩基の塩の pH を求めよう

塩は，酸と塩基との中和反応により生じた生成物であり，その多くは水溶液中でほとんど完全に電離している．強酸である塩酸（HCl）と弱塩基であるアンモニア（NH_3）との塩，すなわち，塩化アンモニウム（NH_4Cl）水溶液の場合，下記のような電離平衡が成り立つ．

$$NH_4Cl \longrightarrow NH_4^+ + Cl^- \tag{10.16}$$

$$NH_4^+ + H_2O \rightleftharpoons NH_3 + H_3O^+ \tag{10.17}$$

$$H_2O + H_2O \rightleftharpoons H_3O^+ + OH^- \tag{7.1}$$

塩化アンモニウム（NH_4Cl）水溶液では，アンモニア（NH_3）の共役酸であるアンモニウムイオン（NH_4^+）が，水素イオン（プロトン）を供与することができる酸として働き，オキソニウムイオン（H_3O^+）を遊離するので，酸性を示すこととなる．

塩化アンモニウム（NH_4Cl）水溶液の濃度を C(mol/L) とすると，第9章同様に，

★「電荷均衡則」より，溶液中の陽電荷数と陰電荷数は等しくなるから

$$[NH_4^+] + [H_3O^+] = [Cl^-] + [OH^-] \tag{10.18}$$

★「質量均衡則」より

$$C = [NH_4^+] + [NH_3] \tag{10.19}$$

$$C = [Cl^-] \tag{10.20}$$

また，アンモニウムイオン（NH_4^+）の酸解離定数は

$$K_\mathrm{a} = \frac{[NH_3][H_3O^+]}{[NH_4^+]} \tag{10.21}$$

式 (10.20) より式 (10.18) を変形すると，
$$[NH_4^+] = C - ([H_3O^+] - [OH^-]) \tag{10.22}$$
式 (10.22) を式 (10.19) に代入し整理すると，
$$[NH_3] = [H_3O^+] - [OH^-] \tag{10.23}$$
式 (10.21) に式 (10.22) および式 (10.23) を代入すると，
$$K_a = \frac{[H_3O^+]([H_3O^+] - [OH^-])}{C - ([H_3O^+] - [OH^-])} \tag{10.24}$$
ここで，この溶液は酸性 (pH < 6) を示すから，$[H_3O^+] \gg [OH^-]$ であるので，
$$[H_3O^+] - [OH^-] \fallingdotseq [H_3O^+]$$
と近似でき，式 (10.24) は
$$K_a = \frac{[H_3O^+]^2}{C - [H_3O^+]} \tag{10.25}$$
と変形でき，また弱塩基の共役酸の場合，$C \gg [H_3O^+]$ が成り立つ．
したがって，
$$K_a = \frac{[H_3O^+]^2}{C} \tag{10.26}$$
となる．第 9 章の式 (9.9) に相当する．

式 (10.26) を変形すると，$[H_3O^+]^2 = C \cdot K_a$
すなわち $[H_3O^+] = \sqrt{C \cdot K_a}$
よって
$$pH = -\log[H_3O^+] = -\log(\sqrt{C \cdot K_a})$$
$$= \frac{1}{2}(pK_a - \log C) \tag{10.27}$$
$$= \frac{1}{2}(pK_w - pK_b - \log C) \tag{10.28}$$
となる．
したがって，強酸-弱塩基の塩の溶液は，弱酸（弱塩基 pK_b の共役酸 NH_4^+）の溶液として扱うことができる．

例題 2 0.1 mol/L 塩化アンモニウム（NH₄Cl）水溶液の pH （アンモニアの pK_b = 4.76）を求めよ．

解答 式 (10.28) の近似式を利用すると
$$pH = \frac{1}{2}(14 - 4.76 - \log 0.1)$$
$$= 5.12$$

❸ 両性物質の pH を求めよう

例題3 0.1 mol/L 炭酸水素ナトリウム（NaHCO₃）水溶液の pH を求めよ．
（炭酸の pK_{a1} = 6.34，pK_{a2} = 10.25）

$$H_2CO_3 + H_2O \xrightleftharpoons{K_{a1}} H_3O^+ + HCO_3^-$$

$$HCO_3^- + H_2O \xrightleftharpoons{K_{a2}} H_3O^+ + CO_3^{2-}$$

解答 0.1 mol/L 炭酸水素ナトリウム水溶液の pH を求めるに先立って，炭酸水素イオンの平衡を考えよう．

まず，炭酸水素イオンが，完全に解離する炭酸水素ナトリウムの塩から生じる．
生じた炭酸水素イオン（HCO₃⁻）は，以下のように酸としても塩基としても働く．

① 酸として $HCO_3^- + H_2O \rightleftharpoons H_3O^+ + CO_3^{2-}$

$$K_{a2} = \frac{[H_3O^+][CO_3^{2-}]}{[HCO_3^-]} = 5.62 \times 10^{-11} \tag{10.29}$$

② 塩基として $HCO_3^- + H_2O \rightleftharpoons H_2CO_3 + OH^-$

$$K_{b2} = \frac{K_w}{K_{a1}} = \frac{[H_2CO_3][OH^-]}{[HCO_3^-]} = \frac{10^{-14}}{4.57 \times 10^{-7}} = 2.19 \times 10^{-8} \tag{10.30}$$

また，炭酸水素イオンどうしが酸，塩基として働くため，以下の**不均化**と呼ばれる平衡も存在する．

③ 不均化反応 $HCO_3^- + HCO_3^- \rightleftharpoons H_2CO_3 + CO_3^{2-}$

$$K = \frac{[H_2CO_3][CO_3^{2-}]}{[HCO_3^-]^2} = \frac{K_{a2}}{K_{a1}} = \frac{5.62 \times 10^{-11}}{4.57 \times 10^{-7}} = 1.23 \times 10^{-4} \tag{10.31}$$

式（10.29）〜（10.31）の平衡定数の比較から，**不均化反応**が最も著しく右辺に向かって進行することがわかる．このため，この溶液中に存在する H₂CO₃ および CO₃²⁻ は，ほとんどが**不均化反応**によって生成すると考えることができる．

したがって，近似的に [H₂CO₃] ≒ [CO₃²⁻] とすると，

$$K_{a1} \times K_{a2} = \frac{[H_3O^+]\cancel{[HCO_3^-]}}{\cancel{[H_2CO_3]}} \times \frac{[H_3O^+]\cancel{[CO_3^{2-}]}}{\cancel{[HCO_3^-]}} = [H_3O^+]^2$$

ゆえに，$[H_3O^+] = \sqrt{K_{a1} \times K_{a2}}$

$$pH = \frac{1}{2}(pK_{a1} + pK_{a2}) = \frac{1}{2}(6.34 + 10.25) \fallingdotseq 8.30 \tag{10.32}$$

すなわち，二塩基酸の塩（NaHA）である両性物質については，二塩基酸の酸解離定数

(K_{a1} と K_{a2}) を用いて

$$\mathrm{pH} = \frac{1}{2}(\mathrm{p}K_{a1} + \mathrm{p}K_{a2})$$

により求められる．

また，式（10.32）から明らかなように，濃度に無関係に（極端に希薄な溶液でなければ）固有の pH を示すことがわかる．

第 8 ～ 10 章で扱った pH 算出の近似式を表 10.1 にまとめた．すでに述べたように，これらの近似が使える濃度範囲や電離定数の大きさを考慮した上で，近似式を使おう．

表 10.1　pH 算出の近似式

計算の近似式を覚えておくと便利（第 8 ～ 10 章）

強酸	$\mathrm{pH} = -\log C_{強酸}$
強塩基	$\mathrm{pH} = 14 + \log C_{強塩基}$
弱酸	$\mathrm{pH} = \frac{1}{2}(\mathrm{p}K_a - \log C_{弱酸})$
弱塩基	$\mathrm{pH} = \frac{1}{2}(\mathrm{p}K_w + \mathrm{p}K_a + \log C_{弱塩基})$
	$= \mathrm{p}K_w + \frac{1}{2}(\log C_{弱塩基} - \mathrm{p}K_b)$
弱酸の塩	$\mathrm{pH} = \frac{1}{2}(\mathrm{p}K_w + \mathrm{p}K_a + \log C_{弱酸の塩})$
弱塩基の塩	$\mathrm{pH} = \frac{1}{2}(\mathrm{p}K_w - \mathrm{p}K_b - \log C_{弱塩基の塩})$
	$= \frac{1}{2}(\mathrm{p}K_a - \log C_{弱塩基の塩})$
緩衝液	$\mathrm{pH} = \mathrm{p}K_a + \log\left(\dfrac{C_{共役な塩基}}{C_{共役な酸}}\right)$
両性塩（両性物質）	$\mathrm{pH} = \frac{1}{2}(\mathrm{p}K_{a1} + \mathrm{p}K_{a2})$

11 緩衝液

　酸や塩基を加えても，pHがほとんど変化しない溶液を緩衝液という．ルシャトリエの原理を思い出してみよう（図11.1）．弱酸とその共役塩基，または弱塩基とその共役酸の混合液は，簡単な組成の緩衝液として知られている．この章では，弱酸とその塩の例として酢酸-酢酸ナトリウム緩衝液，ならびに弱塩基とその塩の例としてアンモニア-塩化アンモニウム緩衝液を取り上げて，これらの溶液が持つ緩衝能について学習し，含まれる酸ならびに塩基の濃度からpHを求める方法をマスターする．

ルシャトリエの原理による濃度による平衡の移動を思い出そう

弱酸の解離平衡　　HA $\rightleftharpoons$ H$^+$ + A$^-$

　弱酸HAの解離平衡が成り立っているとき，酸としてH$^+$が加わると，平衡はH$^+$濃度を下げる方向，すなわち左方向へ移動する．
　アルカリとしてOH$^-$が加わると，OH$^-$とH$^+$はH$_2$Oになって濃度が低下する．この時の平衡はH$^+$濃度を上げる方向，すなわち右方向へ移動する．

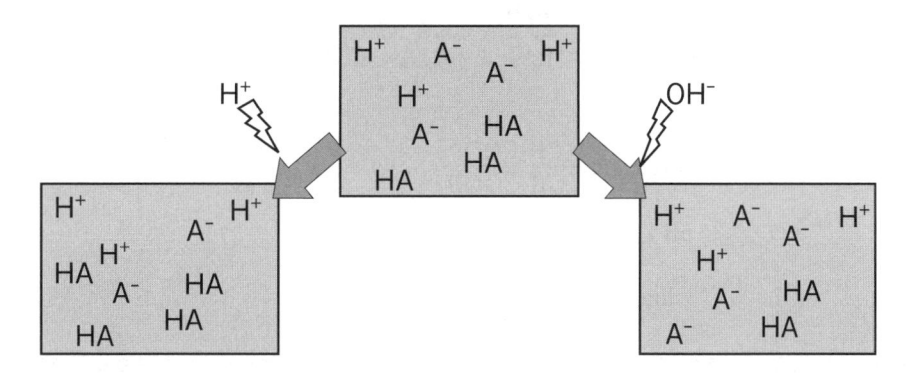

　酸HAとその共役塩基A$^-$が共存して，緩衝液となっていると，この液に少量の酸やアルカリが加わっても［H$^+$］は変わらない．

図11.1

1 酢酸-酢酸ナトリウム緩衝液

　酢酸-酢酸ナトリウムの組み合わせによる緩衝液について考えてみよう．酢酸の解離平衡は次式で表せる．

$$CH_3COOH \rightleftarrows CH_3COO^- + H^+ \tag{11.1}$$

この緩衝液中では酢酸はナトリウム（CH$_3$COONa）が多く存在しているので，CH$_3$COOH の右方向への移行は進みにくく，式（11.1）における CH$_3$COOH は下線のほとんど電離していない状態にある．
　一方，酢酸ナトリウムは強塩基であるので，電離している．

$$CH_3COONa \longrightarrow CH_3COO^- + Na^+ \tag{11.2}$$

酢酸イオンは，緩衝液に酢酸（CH$_3$COOH）が多く存在しているので，CH$_3$COO$^-$ は波線の状態である．
　よって，酢酸と酢酸ナトリウムの混合液では，下線を引いた分子，イオンが多数を占めていることになる．この混合溶液に，酸が添加され H$^+$ が一瞬増加したとしても，この H$^+$ が CH$_3$COO$^-$ と反応して，式（11.1）の左向きの反応が進行することになる．塩基が添加された場合も同様に考えることができ，一瞬，OH$^-$ が増加しても，これらは式（11.1）の H$^+$ と中和反応する．そして，H$^+$ が減少した分，式（11.1）の平衡は右に進行するので，この混合液の水素イオン濃度はほとんど変化しないことになる．
　次に，酢酸緩衝液の pH を求める計算式を組み立てる．まず，式（11.1）より解離定数 K_a を式（11.3）に表す．

$$K_a = \frac{[CH_3COO^-][H^+]}{[CH_3COOH]} \tag{11.3}$$

両辺の対数をとると，

$$\log K_a = \log \frac{[CH_3COO^-][H^+]}{[CH_3COOH]} \tag{11.4}$$

となり，式（11.4）を整理して K_a と [H$^+$] を pK_a ならびに pH に変換すると式（11.5）が得られる．

$$-pK_a = -pH + \log \frac{[CH_3COO^-]}{[CH_3COOH]} \tag{11.5}$$

式（11.5）を書き改めて，pH について表すと以下のようになる．

$$pH = pK_a + \log \frac{[CH_3COO^-]}{[CH_3COOH]} \tag{11.6}$$

式（11.6）は，酢酸緩衝液についての pH を示す．この式では，溶液の成分である酢酸（酸）と酢酸イオン（共役塩基）の濃度，酢酸の pK_a に基づき，pH を計算することができる．これを他の緩衝液についても一般化するために，酸の濃度を C_a，共役塩基の濃度を C_b と表現すると，式

(11.7) になる.

$$\mathrm{pH} = \mathrm{p}K_\mathrm{a} + \log \frac{C_\mathrm{b}}{C_\mathrm{a}} \tag{11.7}$$

この式（11.7）を Henderson-Hasselbalch の式という．この式は必ず覚えておきたいところで，次のように記憶しておいてもよい．

$$\mathrm{pH} = \mathrm{p}K_\mathrm{a} + \log \frac{[\mathrm{X}]}{[\mathrm{Y}]} \tag{11.8}$$

X：プロトン受容体，Y：プロトン供与体

例題 1 0.01 mol/L 酢酸と 0.01 mol/L 酢酸ナトリウム水溶液を，等量混合した溶液の pH はいくらか．ただし，酢酸の $\mathrm{p}K_\mathrm{a}$ は 4.76 とする．

解答 式（11.3）より，$[\mathrm{H}^+] = K_\mathrm{a} \times \dfrac{[\mathrm{CH_3COOH}]}{[\mathrm{CH_3COO^-}]}$ が得られるので，

$$[\mathrm{H}^+] = K_\mathrm{a} \times \frac{0.005}{0.005} = K_\mathrm{a}$$

となり，対数の逆数を取り，$\mathrm{pH} = \mathrm{p}K_\mathrm{a}$ が得られる．
よって，この混合液の pH は 4.76 となる．

別解として，混合液の体積を V mL とし，次のようにも計算できる．

$$\mathrm{pH} = 4.76 + \log \frac{\left[\dfrac{0.005}{V}\right]}{\left[\dfrac{0.005}{V}\right]} = 4.76$$

例題 2 0.1 mol/L 酢酸 100 mL に，0.1 mol/L 酢酸ナトリウム 200 mL を加えて緩衝液を調製した．この緩衝液の pH はいくらか．ただし，酢酸の $\mathrm{p}K_\mathrm{a}$ は 4.76 とする（図 11.2 参照）．

解答 Henderson-Hasselbalch の式ならびに式（11.6）より，

$$\mathrm{pH} = \mathrm{p}K_\mathrm{a} + \log \frac{[\mathrm{CH_3COO^-}]}{[\mathrm{CH_3COOH}]}$$

$\mathrm{CH_3COOH}$ の物質量を計算すると，次のようになる．

$$0.1\,(\mathrm{mol/L}) \times 0.1\,(\mathrm{L}) = 0.01\,\mathrm{mol}$$

これが，300 mL に含まれで，モル濃度は，0.01/0.3（mol/L）となる．
$\mathrm{CH_3COO^-}$ の物質量も同様に計算する．

$$0.1\,(\mathrm{mol/L}) \times 0.2\,(\mathrm{L}) = 0.02\,\mathrm{mol}$$

モル濃度は，0.02/0.3（mol/L）
それぞれのモル濃度を，Henderson-Hasselbalch の式に代入して，pH を計算する．

110　　第 11 章　緩衝液

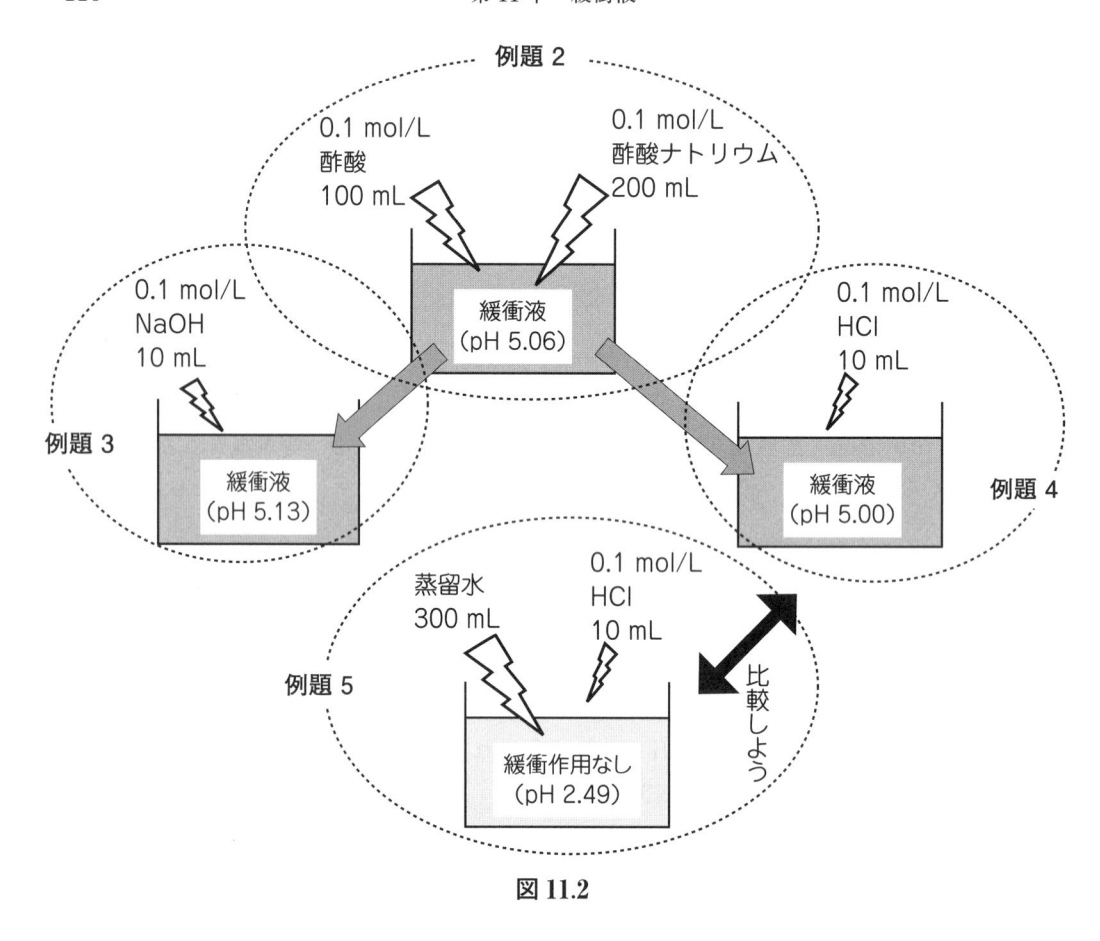

図 11.2 の説明：
- 例題 2：0.1 mol/L 酢酸 100 mL ＋ 0.1 mol/L 酢酸ナトリウム 200 mL → 緩衝液（pH 5.06）
- 例題 3：緩衝液に 0.1 mol/L NaOH 10 mL を加える → 緩衝液（pH 5.13）
- 例題 4：緩衝液に 0.1 mol/L HCl 10 mL を加える → 緩衝液（pH 5.00）
- 例題 5：蒸留水 300 mL ＋ 0.1 mol/L HCl 10 mL → 緩衝作用なし（pH 2.49）（例題 4 と比較しよう）

図 11.2

$$\mathrm{pH} = 4.76 + \log \frac{\left[\dfrac{0.02}{0.3}\right]}{\left[\dfrac{0.01}{0.3}\right]} \quad , \quad \mathrm{pH} = 4.76 + \log \frac{[0.02]}{[0.01]} = 5.06$$

例題 3　例題 2 の緩衝液に 0.1 mol/L NaOH 水溶液 10 mL を加えた時の pH はいくらか（図 11.2 参照）．

解答　NaOH は強塩基で完全に解離している．

$$\mathrm{NaOH} \longrightarrow \mathrm{Na^+} + \mathrm{OH^-}$$

この解離により生成する OH⁻ は，緩衝液中の酢酸から解離している H⁺（式 11.1）と反応する．よって，式 (11.1) の平衡反応は右に動くことになる．つまり，緩衝液中の酢酸がその分，減少する．
CH₃COOH の物質量を計算すると，

　　0.1 (mol/L) × 0.1 (L) = 0.01 mol：NaOH 水溶液を加える前
　　0.1 (mol/L) × 0.1 (L) − 0.1 (mol/L) × 0.01 (L) = 0.009 mol：NaOH 水溶液を加えた後

これが，加えた水酸化ナトリウム水溶液分だけ増加した 310 mL に含まれ，CH₃COOH

のモル濃度は，0.009/0.31（mol/L）となる．
CH$_3$COO$^-$の物質量も同様に計算する．

$$0.1\,(\text{mol/L}) \times 0.2\,(\text{L}) + 0.1\,(\text{mol/L}) \times 0.01\,(\text{L}) = 0.021\,\text{mol}$$

CH$_3$COO$^-$のモル濃度は，0.021 / 0.31（mol/L）．
それぞれのモル濃度を，Henderson-Hasselbalchの式に代入して，pHを計算する．

$$\text{pH} = 4.76 + \log \frac{\left[\dfrac{0.021}{0.31}\right]}{\left[\dfrac{0.009}{0.31}\right]} \quad , \quad \text{pH} = 4.76 + \log \frac{[0.021]}{[0.009]} = 5.13$$

例題4 例題2の緩衝液に0.1 mol/L HCl 10 mLを加えた時のpHはいくらか（図11.2参照）．

解答 HClは強酸で完全に解離している．

$$\text{HCl} \longrightarrow \text{H}^+ + \text{Cl}^-$$

この解離により生成するH$^+$は，緩衝液中の解離しているCH$_3$COO$^-$と反応し，CH$_3$COOHが生じる．緩衝液中の酢酸は増加する．一方，緩衝液中のCH$_3$COO$^-$は，酢酸ナトリウムから生じている（式11.2）ので，この平衡反応は右に動く．つまり，緩衝液中のCH$_3$COO$^-$（酢酸ナトリウムともに）が，H$^+$との反応分だけ減少する．
CH$_3$COOHの物質量を計算すると，次のようになる．

$$0.1\,(\text{mol/L}) \times 0.1\,(\text{L}) = 0.01\,\text{mol}：\text{HClを加える前}$$

$$0.1\,(\text{mol/L}) \times 0.1\,(\text{L}) + 0.1\,(\text{mol/L}) \times 0.01\,(\text{L}) = 0.011\,\text{mol}：\text{HClを加えた後}$$

これが，加えたHCl分だけ増加した310 mLに含まれ，モル濃度は，0.011/0.31（mol/L）となる．
CH$_3$COO$^-$の物質量も同様に計算する．

$$0.1\,(\text{mol/L}) \times 0.2\,(\text{L}) - 0.1\,(\text{mol/L}) \times 0.01\,(\text{L}) = 0.019\,\text{mol}$$

モル濃度は，0.009/0.31（mol/L）．
それぞれのモル濃度を，Henderson-Hasselbalchの式に代入して，pHを計算する．

$$\text{pH} = 4.76 + \log \frac{\left[\dfrac{0.019}{0.31}\right]}{\left[\dfrac{0.011}{0.31}\right]} \quad , \quad \text{pH} = 4.76 + \log \frac{[0.019]}{[0.011]} = 5.00$$

例題5 緩衝作用のない蒸留水300 mLに0.1 mol/L HCl 10 mLを加えた．この時のpHを計算し，同じ体積の酢酸緩衝液を使った場合，例題4のpHと比較せよ（図11.2参照）．

解答 純水中の[H$^+$]と[OH$^-$]は等しいので，ここでは加えられたHCl 10 mLに含まれるH$^+$がpHの変化に関わる．HClを加えた後の全体の体積は310 mLなので，[H$^+$]は次の

ように計算される．
$$[H^+] = 0.1\,(mol/L) \times 0.01\,(L)/0.31\,(L) = 3.23 \times 10^{-3}$$
$$pH = -\log(3.23 \times 10^{-3}) = 2.49$$

酢酸緩衝液（pH = 5.06）を用いた場合，同じ濃度，体積の塩酸を加えた場合，pH は 5.00 までしか低下しないが，蒸留水ではこのような緩衝作用がなく，2.49 まで大幅に低下する．これらの比較から，酢酸/酢酸ナトリウム混合液の緩衝作用について実感できる．

❷ アンモニア-塩化アンモニウム緩衝液

1 では弱酸とその共役塩基の混合液である緩衝液について考えたが，ここでは弱塩基とその共役酸からなる緩衝液について考える．代表例として，アンモニア-塩化アンモニウム緩衝液について考える．アンモニア（NH_3）の解離平衡は次式で表せる．

$$\underline{NH_3} + H_2O \rightleftarrows NH_4^+ + OH^- \tag{11.9}$$

この緩衝液中では，塩化アンモニウム（NH_4Cl）が多く存在しているので，NH_3 の右方向への移行は進みにくく，アンモニア（NH_3）は下線の状態である．

一方，塩化アンモニウムは強酸であるので，電離している．

$$NH_4Cl \longrightarrow \underaccent{\sim}{NH_4^+} + Cl^- \tag{11.10}$$

アンモニウムイオンはこの液中ではアンモニア（NH_3）が多く存在しているので，NH_4^+ の左方向への移行は進みにくく，NH_4^+ は波線の状態である．

よって，アンモニア水と塩化アンモニウムの混合液では，下線を引いた分子，イオンが多数を占めていることになる．ここに，酸または塩基が添加されても，1 で説明した酢酸-酢酸ナトリウム緩衝液と同様に中和反応が起こり，この混合液の水素イオン濃度はほとんど変化しない．

次に，アンモニア水と塩化アンモニウム緩衝液の pH を求める計算式を組み立てる．まず，式（11.9）より塩基であるアンモニアの解離定数 K_b を式（11.11）に表す．

$$K_b = \frac{[NH_4^+][OH^-]}{[NH_3]} \tag{11.11}$$

両辺の対数をとり

$$\log K_b = \log \frac{[NH_4^+][OH^-]}{[NH_3]} \tag{11.12}$$

となり，式（11.12）を整理して pK_b ならびに pOH に変換すると

$$-pK_b = -pOH + \log \frac{[NH_4^+]}{[NH_3]} \tag{11.13}$$

pOH を表す式として

$$pOH = pK_b + \log \frac{[NH_4^+]}{[NH_3]} \tag{11.14}$$

次に，pH を求めることができるよう，pH + pOH = pK_w の関係を用いる．式（11.14）の左辺に pOH = pK_w − pH を代入して整理すると

$$pK_w - pH = pK_b + \log \frac{[NH_4^+]}{[NH_3]} \tag{11.15}$$

さらに，pH について表すと

$$pH = pK_w - pK_b - \log \frac{[NH_4^+]}{[NH_3]} \tag{11.16}$$

共役酸であるアンモニウムイオンの解離定数 K_a と K_b の関係は，pK_a + pK_b = pK_w である．pK_a = pK_w − pK_b を用いて式（11.16）を整理し，最後に log の符号を + にすると式（11.17）が得られる．

$$pH = pK_a + \log \frac{[NH_3]}{[NH_4^+]} \tag{11.17}$$

この，アンモニア-塩化アンモニウム緩衝液に関する Henderson–Hasselbalch の式は，酢酸-酢酸ナトリウム緩衝液を考えたときと，同じことがいえる．つまり，式（11.17）を弱塩基-共役酸の緩衝液すべてに共通して表現すると，

$$pH = pK_a + \log \frac{[X]}{[Y]} \tag{11.8}$$

X：プロトン受容体，Y：プロトン供与体

ということが同様にいえる．

例題 6 0.02 mol/L アンモニア水溶液 200 mL と 0.02 mol/L 塩化アンモニウム水溶液 100 mL を混合した溶液の pH はいくらか．ただし，アンモニアの pK_b は 4.75 とする．

解答 Henderson–Hasselbalch の式ならびに式（11.17）より，

$$pH = pK_a + \log \frac{[NH_3]}{[NH_4^+]}$$

pK_a = 14 − pK_b = 9.25 であるので，この値を上記の式に代入する．
さらに，モル濃度はそれぞれ以下のように計算され，

[NH$_3$] = (0.02 × 0.2)/0.3 mol/L
[NH$_4^+$] = (0.02 × 0.1)/0.3 mol/L

を上記の式に代入すると，

$$pH = 9.25 + \log \frac{\frac{0.02 \times 0.2}{0.3}}{\frac{0.02 \times 0.1}{0.3}} = 9.25 + \log 2 = 9.55$$

例題 7 4.0×10^{-2} mol/L の塩化アンモニウム水溶液 100 mL と等量の 2.0×10^{-2} mol/L のアンモニア水溶液を加えて緩衝液を作成した．この緩衝液の pH はいくらか求めよ．こ

れに，1.0×10^{-2} mol/L の HCl を 10 mL 加えた場合，この時の $[NH_3]$，$[NH_4^+]$ と，緩衝液の pH はいくらになっているかを求めよ．ただし，アンモニウムイオンの $pK_a = 9.25$ とする．

解答 まず，4.0×10^{-2} mol/L 塩化アンモニウム 100 mL と 2.0×10^{-2} mol/L アンモニアを等量加えたので，それぞれの濃度は半分になる．$[NH_4^+] = 2.0 \times 10^{-2}$ mol/L，$[NH_3] = 1.0 \times 10^{-2}$ mol/L なので，緩衝液の pH について計算すると次のようになる．

$$pH = 9.25 + \log \frac{1.0 \times 10^{-2}}{2.0 \times 10^{-2}} = 9.25 + \log 0.5 = 8.95$$

この緩衝液に塩酸を加えると，プロトン受容体である NH_3 が反応する．

$$NH_3 + HCl \longrightarrow NH_4^+ + Cl^-$$

よって，NH_3 の物質量は HCl と反応した分だけ減少することになる．

$$2.0 \times 10^{-2} \times 0.1 - 1.0 \times 10^{-2} \times 0.01 = 1.9 \times 10^{-3} \text{ mol}$$

一方，NH_4^+ の物質量については，もともと緩衝液に含まれていた NH_4^+ に，NH_3 と HCl の反応によって新たに生じた分が加わることになる．

$$4.0 \times 10^{-2} \times 0.1 + 1.0 \times 10^{-2} \times 0.01 = 4.1 \times 10^{-3} \text{ mol}$$

緩衝液に塩酸を加えた後の体積は合計 210 mL であるので，

$$[NH_3] = 1.9 \times 10^{-3}/0.21 = 9.0 \times 10^{-3} \text{ mol/L}$$
$$[NH_4^+] = 4.1 \times 10^{-3}/0.21 = 2.0 \times 10^{-2} \text{ mol/L}$$

よって，pH は以下のとおり求められる．

$$pH = pK_a + \log \frac{[NH_3]}{[NH_4^+]} = 9.25 + \log \frac{9.0 \times 10^{-3}}{2.0 \times 10^{-2}} = 8.90$$

pH = 8.95 が 8.90 にしか変化していない．これが純水に HCl を加えると，pH は 3.32 になる．

$$pH = -\log(1.0 \times 10^{-2} \times 10/210) = 3.32$$

例題8 例題 7 で作成した塩化アンモニウム–アンモニア緩衝液に，HCl の代わりに 2.0×10^{-2} mol/L の NaOH 水溶液を 30 mL 加えた場合，この時の $[NH_3]$，$[NH_4^+]$ と，緩衝液の pH はいくらになっているかを求めよ．

解答 この緩衝液に NaOH を加えると，プロトン供与体である NH_4^+ が反応する．

$$NH_4^+ + OH^- \longrightarrow NH_3 + H_2O$$

よって，NH_4^+ の物質量は NaOH と反応した分だけ減少することになる．

$$4.0 \times 10^{-2} \times 0.1 - 2.0 \times 10^{-2} \times 0.03 = 3.4 \times 10^{-3} \text{ mol}$$

一方，NH_3 の物質量ついてはもともと緩衝液に含まれていた NH_3 に，NH_4^+ と NaOH の反応によって新たに生じた分が加わることになる．

$$2.0 \times 10^{-2} \times 0.1 + 2.0 \times 10^{-2} \times 0.03 = 2.6 \times 10^{-3} \text{ mol}$$

緩衝液に NaOH を加えた後の体積は合計 230 mL で，

$$[NH_4^+] = 3.4 \times 10^{-3}/0.23 = 1.5 \times 10^{-2}\,\text{mol/L}$$
$$[NH_3] = 2.6 \times 10^{-3}/0.23 = 1.1 \times 10^{-2}\,\text{mol/L}$$

よって，pH は以下のとおり求められる．

$$\text{pH} = \text{p}K_\text{a} + \log\frac{[NH_3]}{[NH_4^+]} = 9.25 + \log\frac{1.1 \times 10^{-2}}{1.5 \times 10^{-2}} = 9.12$$

❸ 生化学分野での緩衝液

生体由来の物質には，pH により性質が大きく変化するものがある．例えば，酵素反応では，最もよく酵素が働く pH，いわゆる至適 pH という条件が酵素ごとに異なっている．これは酵素自身がタンパク質で，水素結合などの非共有結合を多数有しており，pH により構造が大きく変化するためと考えられる．これらの物質の構造や働きを維持する場合は，緩衝作用をもつ溶液，つまり緩衝液を調製して pH を一定に保つ必要が生じる．

生化学実験や培養実験を行う際に，反応系や培養液の pH を一定に保つ必要があり，通常，生体成分の pH 範囲は 6.6 ～ 7.5 であるので，pH = 6 ～ 8 あたりで緩衝作用をもつものがよく用いられている．表 11.1 にその一例を挙げる．

表 11.1 生化学でよく用いられる緩衝液の例

緩衝液	化合物名	緩衝 pH 範囲
MES/MES-Na	2-モルホリノエタンスルホン酸	5.5 ～ 7.0
PIPES/PIPES-Na	1,4-ピペラジンジエタンスルホン酸	6.1 ～ 7.5
MOPS/MOPS-Na	3-モルホリノプロパンスルホン酸	6.2 ～ 7.4
HEPES/HEPES-Na	2-[4-(2-ヒドロキシエチル)-1-ピペラジニル]-エタンスルホン酸	6.8 ～ 8.2
TES/TES-Na	N-[トリス(ヒドロキシメチル)-メチル]-2-アミノエタンスルホン酸	6.8 ～ 8.2
Tris/HCl	トリス(ヒドロキシメチル)アミノメタン	7.2 ～ 9.1
Tricine/Tricine-Na	N-[トリス(ヒドロキシメチル)メチル]グリシン	7.4 ～ 8.8

例題 9 弱塩基であるトリス(ヒドロキシメチル)アミノメタン（Tris；分子量 121）の pK_b は 5.70 である．pH = 7.50 のトリス緩衝液（Tris/HCl）を 1 L 作成するには，1.0 mol/L HCl 120 mL に何 g の Tris を溶かして全体を 1 L とすればよいか．

解答 Henderson-Hasselbalch の式より，
$$\text{pH} = \text{p}K_\text{a} + \log\frac{[\text{Tris}]}{[\text{TrisH}^+]}$$

となる．$pK_a = 14 - pK_b = 14 - 5.7 = 8.3$ であるので，[Tris] と [TrisH$^+$] について次の関係が得られる．

$$7.5 = 8.3 + \log \frac{[\mathrm{Tris}]}{[\mathrm{TrisH}^+]}$$

$$-0.8 = \log \frac{[\mathrm{Tris}]}{[\mathrm{TrisH}^+]}$$

$$[\mathrm{Tris}]/[\mathrm{TrisH}^+] = 10^{-0.8} = 0.16$$

TrisH$^+$ は Tris と塩酸の反応により生じる．

$$\mathrm{Tris} + \mathrm{HCl} \longrightarrow \mathrm{TrisH}^+ + \mathrm{Cl}^-$$

よって，TrisH$^+$ の物質量は次のようになる．

TrisH$^+$；$1.0 \times 120 = 120$ mmol

HCl と反応しなかった残りの Tris（緩衝液中で Tris として振る舞う）の物質量を x mmol とおくと，この緩衝液に必要な Tris の総物質量は，

総 Tris $= (120 + x)$ mmol

となる．Tris と TrisH$^+$ の比率は先に求めたとおり，0.16 であるので，

$x/120 = 0.16$

$x = 19.2$ mmol

よって，この緩衝液作成に必要な Tris の総物質量は，$120 + 19.2 = 139.2$ mmol となる．分子量 121 より，

$139.2 \times 10^{-3} \times 121 = 16.8$ g

16.8 g の Tris を 1.0 mol/L HCl 120 mL に溶かし，水で全体を 1 L とすれば，pH $= 7.50$ となる．

4 私たちの体の中の緩衝液

血液はいくつかのシステムにより緩衝能をもっているが，炭酸–炭酸水素塩（H_2CO_3/HCO_3^-）による緩衝システムについて考えてみよう．赤血球内や血漿に溶けている二酸化炭素からは，炭酸脱水酵素により炭酸が生成される（式 11.18）．そして，炭酸が生成されたあとは弱酸として機能し，プロトンを放出して炭酸水素イオンとなる（式 11.19）．

$$\mathrm{CO_2} + \mathrm{H_2O} \xrightarrow{\text{炭酸脱水酵素}} \mathrm{H_2CO_3} \tag{11.18}$$

$$\mathrm{H_2CO_3} \rightleftarrows \mathrm{H}^+ + \mathrm{HCO_3}^- \tag{11.19}$$

H_2CO_3/HCO_3^- 緩衝系では，過剰の酸が系の中に入ってきた場合，式（11.20）により H_2CO_3 を生成することで，緩衝作用を示す．H_2CO_3 は CO_2 と H_2O に解離し，CO_2 は肺から放出される．

$$\mathrm{HCO_3}^- + \mathrm{H}^+ \longrightarrow \mathrm{H_2CO_3} \longrightarrow \mathrm{H_2O} + \mathrm{CO_2} \uparrow \tag{11.20}$$

一方，過剰の塩基が系の中に入ってきた場合，式（11.21）により，HCO_3^- を生成することで緩衝作用を示す．

$$H_2CO_3 + OH^- \longrightarrow H_2O + HCO_3^- \tag{11.21}$$

血液のpHは約7.4に保たれているが，この状態が崩れた「アルカローシス」では7.4を上回り，アシドーシスではこの値を下回ることになる．H_2CO_3/HCO_3^-緩衝系のpHについてのHenderson-Hasselbalchの式は式（11.22）のように表される．よって，血液中でのH_2CO_3/HCO_3^-緩衝系の各濃度について，式（11.23）の関係が得られる（炭酸のpK_{a1}は6.1とする）．

$$pH = pK_{a1} + \log \frac{[HCO_3^-]}{[H_2CO_3]} \tag{11.22}$$

$$7.4 = 6.1 + \log \frac{[HCO_3^-]}{[H_2CO_3]} \tag{11.23}$$

$$1.3 = \log \frac{[HCO_3^-]}{[H_2CO_3]}$$

$$\frac{[HCO_3^-]}{[H_2CO_3]} = \frac{20}{1} \tag{11.24}$$

よって，$[HCO_3^-]:[H_2CO_3]=20:1$の比率が緩衝能の発揮に重要であることが理解できる．

例題10 ある患者の$[HCO_3^-]$は55 mmol/L，$[H_2CO_3]$は1.25 mmol/Lであった．この患者の血液のpHを求めよ．

解答 式（11.22）より，

$$pH = 6.1 + \log \frac{[HCO_3^-]}{[H_2CO_3]} = 6.1 + \log \frac{5.5 \times 10^{-2}}{1.25 \times 10^{-3}} = 7.7$$

この患者の$[H_2CO_3]$は正常値であるが，$[HCO_3^-]$が異常に高くなっており，H^+の消失が関係していると考えられる．このような状態を代謝性アルカローシスといい，嘔吐による胃でのH^+の消失，あるいは過剰のアルカリ投与で引き起こされる．一方，呼吸性アルカローシスでは$[HCO_3^-]$の値は正常であるが，過呼吸などによる過度のCO_2の排出により$[H_2CO_3]$の低下により引き起こされる．意識的に呼吸をゆっくりするか，紙袋を口にかぶせて呼吸し吐いたCO_2を何度か吸えば，血中のCO_2濃度を上げることができ，結果として$[H_2CO_3]$が正常値に戻る．

12 酸塩基滴定曲線を理解する

1 強酸を強塩基で滴定

　酸と塩基が反応して水と塩を生じる酸塩基反応（中和反応）は，酸あるいは塩基の濃度（あるいは量）を求める目的で滴定に利用される．図 12.1 には酸塩基滴定の実験の概略を図示した．このとき，ビュレットから滴加される液の滴加量とコニカルビーカー内での pH の関係を描いた曲線は滴定曲線[*1]と呼ばれる．滴定曲線は，滴定の終点を求めるばかりでなく，酸や塩基の強さや反応を理解したり，それらの濃度によって滴定分析が適・不適であることなどを知るためにも大切である．

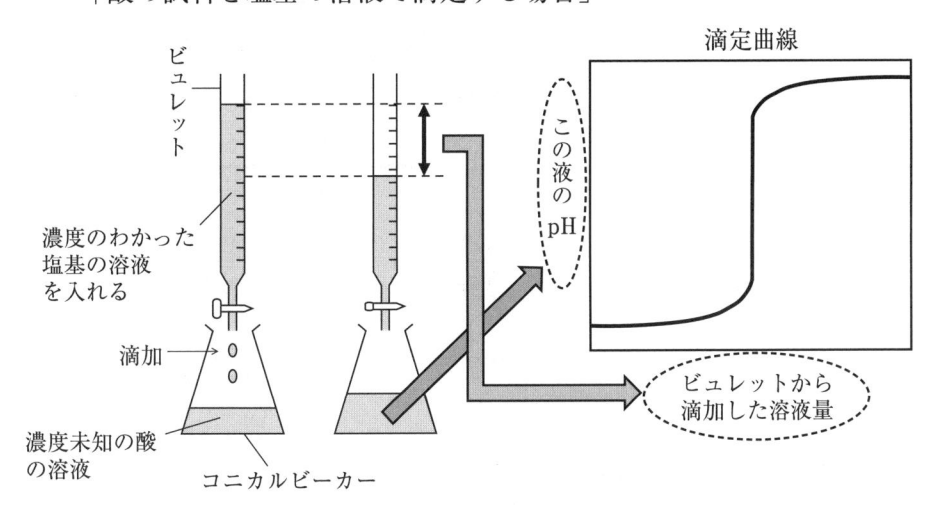

図 12.1　滴定の概要と滴定曲線

[*1] 滴定曲線の縦軸には，各滴定の被滴定液中で滴定に従って変化する要素（pH, pX, pM, 電位差，導電率など）が用いられる．

滴定では，試料の濃度やモル数が求めようとする未知の数値であるが，ここでは具体的な計算法を学習するために，濃度と量を示した HCl 試料を用いてみよう．HCl 試料として 0.100 mol/L HCl 20.0 mL を用い，これを標準液の 0.100 mol/L NaOH で滴定することを想定してみる．試料の HCl はコニカルビーカー中に $(0.100 \times 20.0/1000) = 2.00 \times 10^{-3}$ mol 存在していることになる．この滴定反応は次の通りである．

$$HCl + NaOH \longrightarrow NaCl + H_2O$$

したがって，等モルの NaOH をビュレットから滴加した点が**当量点**ということになる．

図 12.2 には，滴定曲線とコニカルビーカー内の組成変化の概要を示す．溶液内の化学種の組成という観点から，滴定の進行は

① 滴定開始前
② 滴定進行中
③ 当量点
④ 当量点後

の各段階に分類することができる．これら**滴定の各時点における溶液の pH の求め方**について具体的に考えていこう．

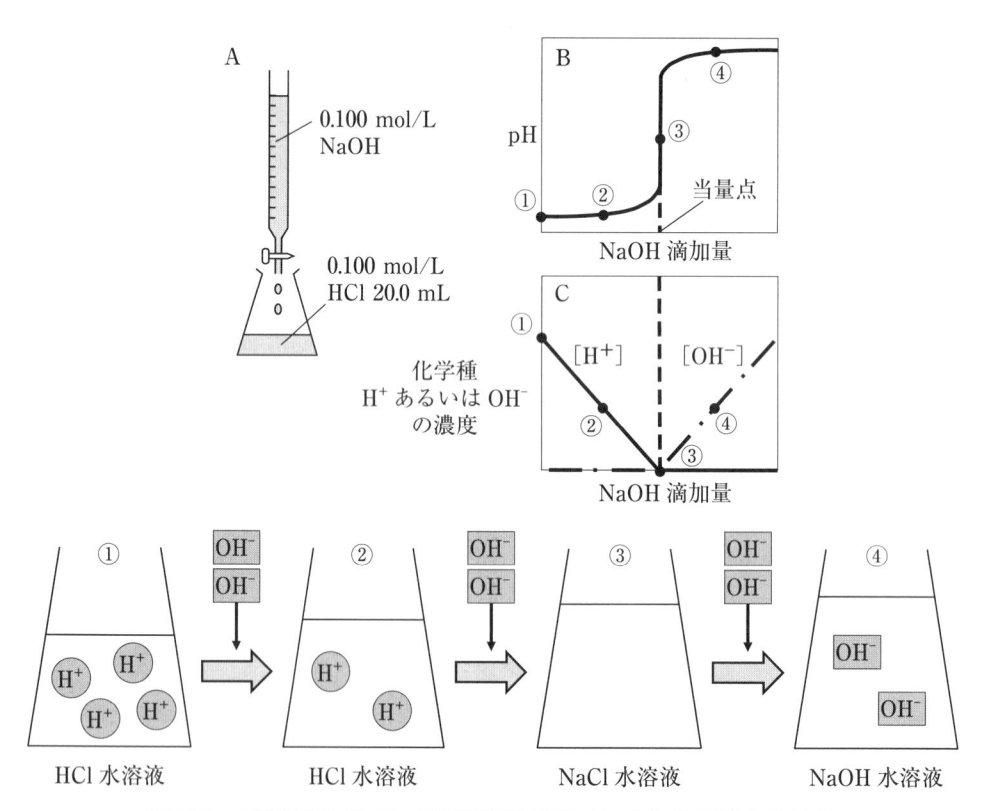

**図 12.2　試料 HCl を NaOH 標準液で滴定したときの滴定曲線と
コニカルビーカー内の化学種の変化の概要**
① 滴定開始前，② 滴定進行中，③ 当量点，④ 当量点後

1）滴定開始前（図 12.2 ①）

　初めコニカルビーカーには試料として HCl が入っている．標準液である NaOH をまだ加えていないのであるから，このときの溶液は初めのままである（図 12.2）．すなわち，この溶液は強酸（HCl）の水溶液であり，次式のように 100％電離して H_3O^+ を生じている．

$$HCl + H_2O \longrightarrow Cl^- + H_3O^+$$

HCl の全濃度 C_{HCl} = 0.100 mol/L より

$$[H^+] = 0.100 \text{ mol/L}$$

ここで，$[H^+]$ は化学種 H_3O^+ の平衡濃度である．したがって，この水溶液の pH は次式で求められる．

$$pH = -\log[H^+] = -\log 0.100 = 1.00$$

2）滴定進行中（一部が中和し，未中和の HCl が存在している）（図 12.2 ②）

　NaOH が滴加されて滴定が始まると，コニカルビーカー内にある HCl の一部は次式に従って中和されて NaCl と水が生じ，その分 HCl 濃度は減少する．

$$HCl + NaOH \longrightarrow NaCl + H_2O$$

ただし，当量点に至るまでは HCl がまだ残っている．したがって，この時点におけるコニカルビーカー内の溶液は，残っている HCl と NaCl との混合水溶液である．しかし，NaCl は水溶液中で H^+ や OH^- を生成しないから pH には関与しない[*2]．したがって，pH を考えるときにはその存在は無視できる．すなわちこの溶液は，実質的には単なる **HCl（強酸）水溶液** と見なすことができる．図 12.2 の滴定曲線では，滴定の進行に伴い HCl 濃度が減少して pH が徐々に上昇している．

　この溶液の pH の求め方について考えてみる．強酸は水溶液中で 100％ 電離するので，$[H^+]$ はその酸の全濃度に等しい．ある物質 A の全濃度 C_A というのは，A のモル数と水溶液の体積を使って定義される量である．

$$C_A = \frac{(Aのモル数)}{(水溶液の体積)} \text{ (mol/L)}$$

ここで注意しよう　計算のポイント

　滴定の経過につれて，中和反応が行われ HCl のモル数が減っていく．同時に，滴加によりコニカルビーカー内の体積は増えることになる．このように，滴定時にはモル数と体積の両者が同時に変化してしまう．つまり，滴定時の pH を求めるためには，対象となる物質のモル数と体積の両者の変化量をそれぞれ求め，そこから $[H^+]$ を求めた後に pH を導くと

[*2] 正確には，共存する Cl^- の共通イオン効果により HCl の電離は抑えられる．しかしながら，HCl は強酸なので事実上この効果を無視することができる．

いう手順を踏む必要である．これが滴定計算のポイントである．まとめると，次のようなイメージである．

pH ← [H$^+$] ← C_{HCl} ← $\dfrac{HClモル数}{体積}$ ← 初めの試料中のHCl − 中和で反応した分 / 初めの試料の体積 + 滴加による増加分

例として，0.100 mol/L NaOH を 10.0 mL 滴加したときの pH を求めてみる．滴加する NaOH のモル数は $(0.100 \times 10.0/1000) = 1.00 \times 10^{-3}$ mol であるから，初めの試料 HCl の 50％ が滴定された点に相当する．C_{HCl} は次のように表すことができる．

$$C_{HCl} = \dfrac{(HClのモル数)}{(体積)} \text{ (mol/L)}$$

ここで，図 12.3 に示すように，HCl の一部は NaOH で中和されて失われている．

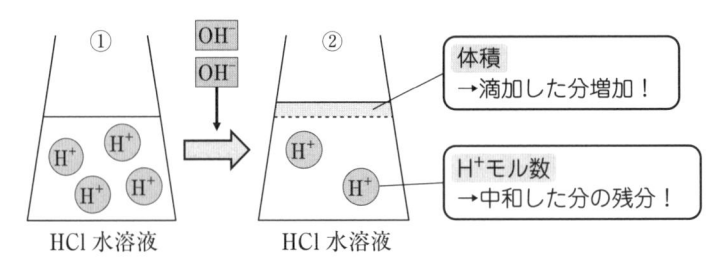

図 12.3 体積と化学種のモル数の変化（滴定進行中）

そこで HCl のモル数は

(HCl のモル数)
　　= (初めの試料 HCl のモル数) − (NaOH 滴加により減少した HCl のモル数)

ここで，初めの試料 HCl のモル数と，NaOH 滴加により減少した HCl のモル数は，いずれも溶液の（モル濃度）×（体積）で表されるから

(初めの試料 HCl のモル数)
　　= (初めの試料 HCl のモル濃度) × (初めの試料 HCl の体積)
　　$= 0.100 \times \dfrac{20.0}{1000}$ (mol)

(NaOH 滴加により減少した HCl のモル数)
　　= (滴加した NaOH のモル濃度) × (滴加した NaOH の体積)
　　$= 0.100 \times \dfrac{10.0}{1000}$ (mol)

よって

$$(HClのモル数) = \left(0.100 \times \dfrac{20.0}{1000} - 0.100 \times \dfrac{10.0}{1000}\right) \text{(mol)}$$

一方，体積の方は，初めの試料 HCl の体積 20.0 mL から NaOH の滴加量 10.0 mL だけ増えている（図 12.2）．

(体積) = (初めの試料HClの体積) + (NaOH滴加量)

$$= \left(\frac{20.0}{1000} + \frac{10.0}{1000}\right)(L)$$

したがって，0.100 mol/L NaOH 10.0 mL 滴加時におけるコニカルビーカー中の溶液の C_{HCl} は

$$C_{HCl} = \frac{0.100 \times \frac{20.0}{1000} - 0.100 \times \frac{10.0}{1000}}{\frac{20.0}{1000} + \frac{10.0}{1000}} = 3.33 \times 10^{-2} (mol/L)$$

$[H^+] = 3.33 \times 10^{-2} (mol/L)$

∴ $pH = -\log(3.33 \times 10^{-2}) = 1.48$

と求められる．

3) 当量点（図12.2 ③）

0.100 mol/L NaOH を 20.0 mL 加えたとき，NaOH のモル数は $(0.100 \times 20.0/1000) = 2.00 \times 10^{-3}$ mol となり，初めの試料 HCl と等モルの NaOH を加えたことになる．このとき，試料 HCl は次式のように NaOH で完全に中和されて等モルの NaCl を生じている．

$$HCl + NaOH \longrightarrow NaCl + H_2O$$

この溶液は液性が中性の **NaCl（塩）水溶液**である（図12.4）．したがって，理論上 pH = 7.00 となる（ただし，実際の溶液は，大気雰囲気下では二酸化炭素が溶け込んでいるため pH 7.00 とはならない）．当量点のわずか手前までは強酸水溶液であるが，当量点に達した途端に液性が中性となるので，鋭い pH の変化，すなわち pH 飛躍が生じると考えることができる．

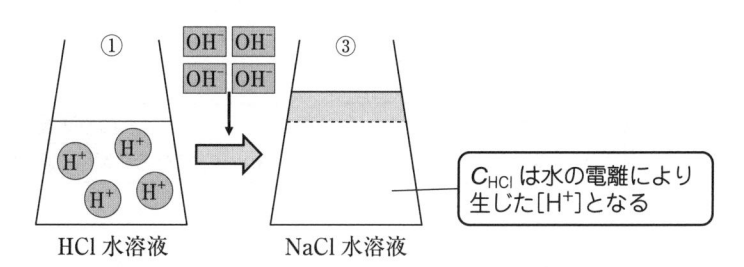

図12.4 体積と化学種のモル数の変化（当量点）

4) 当量点後（図12.2 ④）

③の NaCl 水溶液にさらに NaOH を過剰に加えているので，これは NaCl と NaOH の混合水溶液である（図12.1）．しかし，②と同様に，pH を考えるときには NaCl の存在は考慮しなくてよいため，実質的には **NaOH（強塩基）水溶液**と見なすことができる（図12.5）．そのため，中

性である当量点をほんのわずかに過ぎると pH が急激に上昇する．滴定曲線では当量点を過ぎてさらに高い pH まで飛躍が見られ，その後は NaOH の滴加に従い pH の上昇が緩やかになっている．

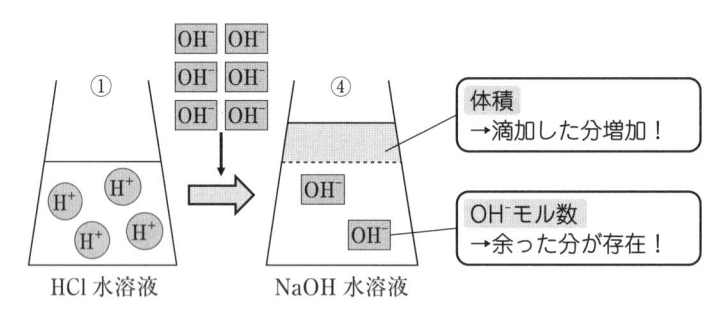

図 12.5 体積と化学種のモル数の変化（当量点後）

0.100 mol/L NaOH を 30.0 mL 滴加した点の pH について考える．NaOH のモル数は $(0.100 \times 30.0/1000) = 3.00 \times 10^{-3}$ mol であるから，試料 HCl に対し過剰の NaOH を滴加していることがわかる．NaOH（強塩基）水溶液であるので，その pH は

$$\text{pOH} = -\log[\text{OH}^-] = -\log C_{\text{NaOH}}$$
$$\text{pH} = 14 - \text{pOH} \quad (= 14 + \log C_{\text{NaOH}})$$

で求められる．ここで C_{NaOH} は次のようにモル数と体積から求められる．

$$C_{\text{NaOH}} = \frac{(\text{NaOHのモル数})}{(\text{体積})} \ (\text{mol/L})$$

滴定の進行に伴って NaOH のモル数と体積はいずれも変化する（図 12.5）．NaOH は当量点後に滴加した過量分であるので，そのモル数は次のように，滴加した NaOH の総モル数から HCl で消費された NaOH を差し引いて求められる．この計算のイメージをまとめると，次のようになる．

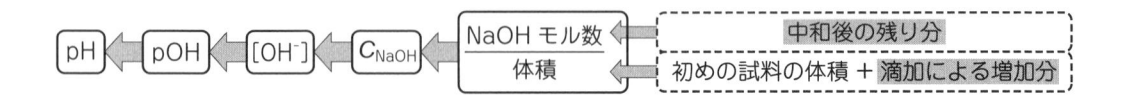

よって

(NaOHのモル数)
　　= (滴加した NaOH の総モル数) − (試料 HCl で消費された NaOH のモル数)
　　= $\left(0.100 \times \dfrac{30.0}{1000} - 0.100 \times \dfrac{20.0}{1000} \right)$ (mol)

一方，体積は，初めの試料 HCl の体積に滴加した NaOH の滴加量を加えたものとなる．

(体積) = (初めの試料 HCl の体積) + (NaOH 滴加量)
　　　= $\left(\dfrac{20.0}{1000} + \dfrac{30.0}{1000} \right)$ (L)

すなわち，C_{NaOH} は

$$C_{NaOH} = \frac{0.100 \times \frac{30.0}{1000} - 0.100 \times \frac{20.0}{1000}}{\frac{20.0}{1000} + \frac{30.0}{1000}} = 2.00 \times 10^{-2} (mol/L)$$

$[OH^-] = 2.00 \times 10^{-2} (mol/L)$

$pOH = -\log(2.00 \times 10^{-2}) = 1.70$

∴ $pH = 14 - 1.70 = 12.30$

2 弱酸を強塩基で滴定

0.100 mol/L CH_3COOH 20.0 mL を試料として，標準液の 0.100 mol/L NaOH を滴加する場合を考える．CH_3COOH は $(0.100 \times 20.0/1000) = 2.00 \times 10^{-3}$ mol 存在する．この滴定反応は以下の通りである．

$$CH_3COOH + NaOH \longrightarrow CH_3COONa + H_2O$$

試料の弱酸に加え，滴定の進行につれて弱酸の塩が生成する．したがって，これらのうちどちらか一方あるいはそれらの両方が電離して溶液の pH を決定する．

1）滴定開始前（図 12.6 ①）

未滴定なので，この時点での水溶液は試料の **CH_3COOH（弱酸）水溶液**である（図 12.6）．これは以下のように電離して H_3O^+ を生じている．

$$CH_3COOH + H_2O \rightleftharpoons CH_3COO^- + H_3O^+ \qquad K_a = 1.8 \times 10^{-5}$$

弱酸であることから，この水溶液の pH は以下のように求められる．第 9 章で学んだ弱酸の pH 算出の近似式を用いて

$$pH = -\log\sqrt{K_a \cdot C_{CH_3COOH}}$$

$C_{CH_3COOH} = 0.100 (mol/L)$，電離定数 $K_a = 1.8 \times 10^{-5}$ を代入して

$$pH = -\log\sqrt{1.8 \times 10^{-5} \times 0.100} = 2.87$$

126　第12章　酸塩基滴定曲線を理解する

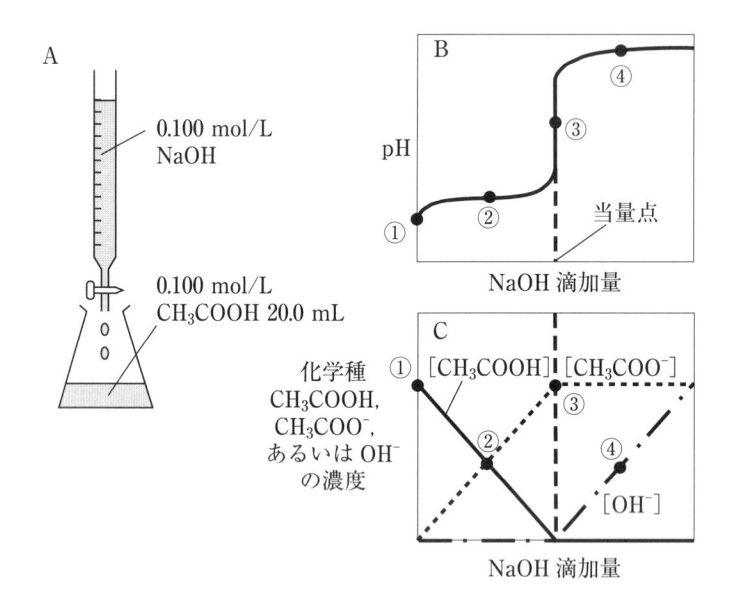

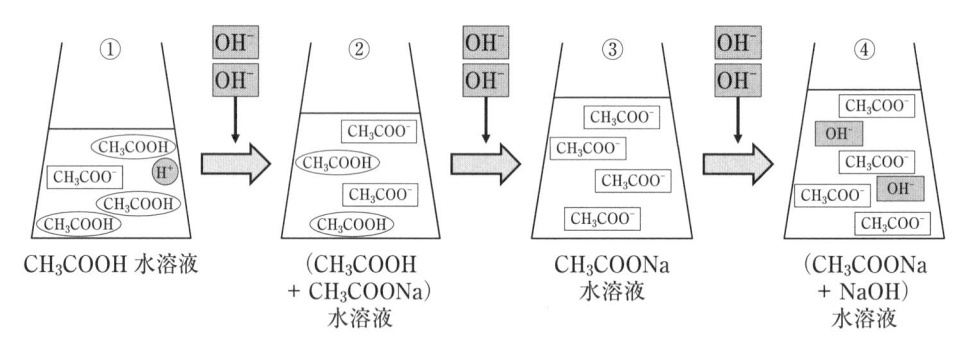

図12.6　CH₃COOH を NaOH で滴定したときの滴定曲線とコニカルビーカー内の化学種の変化の概要
① 滴定開始前，② 滴定進行中，③ 当量点，④ 当量点後

2）滴定進行中（一部が中和し，未中和の CH₃COOH が存在している）（図12.6 ②）

　NaOH が滴加されて滴定が始まると，試料である CH₃COOH の一部は NaOH で中和されて失われ，代わりに CH₃COONa と水が生成する．生じた CH₃COONa は水中ではほぼ100％が CH₃COO⁻ と Na⁺ に電離して CH₃COO⁻ を生成する．

$$CH_3COOH + NaOH \longrightarrow CH_3COONa + H_2O$$
$$CH_3COONa \longrightarrow CH_3COO^- + Na^+$$

溶液中には未中和の CH₃COOH も残っている．そのため，この溶液は CH₃COOH（弱酸）と CH₃COO⁻（その共役塩基）の混合水溶液であり，事実上 **pH 緩衝液**となっていることがわかる．図12.6 の滴定曲線を見ると，滴定開始後は弱酸への強塩基の滴加により pH がいったん上昇するが，滴定が少し進むと NaOH 滴加による pH の変化量が小さくなる．これは，滴定が進むと初めの弱酸水溶液が緩衝液に変わり，pH 変化に抵抗するようになるためである．

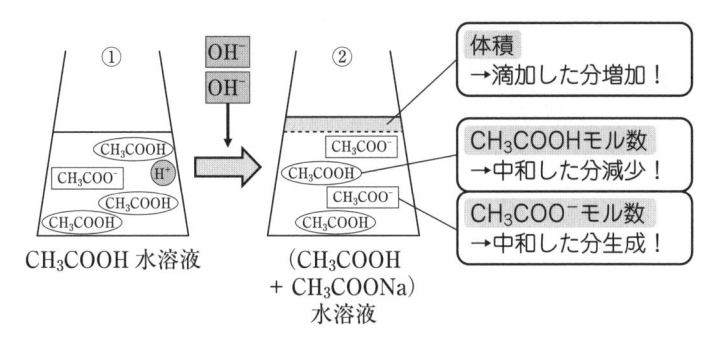

第 12 章　酸塩基滴定曲線を理解する

図 12.7　滴定進行中の体積とモル数の変化
試料 CH₃COOH を標準液 NaOH で滴定

例として 0.100 mol/L NaOH を 10 mL 滴加した場合（$(0.100 \times 10/1000) = 1.00 \times 10^{-3}$ mol）を考える．初めにあった 2.00×10^{-3} mol の CH₃COOH の 50 % が NaOH によって中和され，その分 CH₃COO⁻ が生じている．前述したように，これは **pH 緩衝液**であり，そのpH計算には 11 章で学んだように次式のような Henderson–Hasselbalch 式が用いられる．

$$\mathrm{pH} = \mathrm{p}K_a + \log \frac{[\mathrm{CH_3COO^-}]}{[\mathrm{CH_3COOH}]}$$

よって，pH を求めるには CH₃COOH と CH₃COO⁻ の平衡濃度が必要であるが，これまで述べてきたように，それらはそれぞれのモル数および体積の変化を考慮して求めなければならない．CH₃COOH は NaOH によって CH₃COO⁻ となるからそれぞれのモル濃度 [CH₃COOH] および [CH₃COO⁻] は次のようなイメージで求められる．

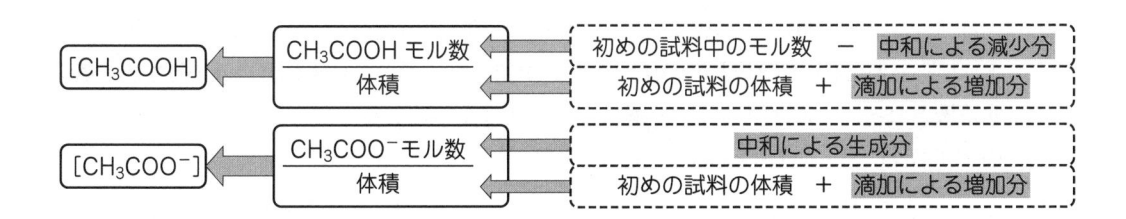

よって

　(CH₃COOH のモル数)

　　= (初めの試料 CH₃COOH のモル数)

　　　 − (NaOH 滴加により減少した CH₃COOH のモル数)

　　= $\left(0.100 \times \dfrac{20.0}{1000} - 0.100 \times \dfrac{10.0}{1000} \right)$ (mol)

　(CH₃COO⁻ のモル数)

　　= (NaOH 滴加により生成した CH₃COO⁻ のモル数)

　　= (滴加した NaOH のモル数)

　　= $0.100 \times \dfrac{10.0}{1000}$ (mol)

$$(体積) = (初めの試料の体積) + (NaOH 滴加量)$$

$$= \left(\frac{20.0}{1000} + \frac{10.0}{1000}\right)(L)$$

したがって，溶液中の[CH$_3$COOH]および[CH$_3$COO$^-$]は

$$[CH_3COOH] = \frac{(CH_3COOHのモル数)}{(体積)}$$

$$= \frac{0.100 \times \frac{20.0}{1000} - 0.100 \times \frac{10.0}{1000}}{\frac{20.0}{1000} + \frac{10.0}{1000}} = 3.33 \times 10^{-2} (mol/L)$$

$$[CH_3COO^-] = \frac{(CH_3COO^-のモル数)}{(体積)}$$

$$= \frac{0.100 \times \frac{10.0}{1000}}{\frac{20.0}{1000} + \frac{10.0}{1000}} = 3.33 \times 10^{-2} (mol/L)$$

$$\therefore \quad pH = -\log(1.8 \times 10^{-5}) + \log\frac{3.33 \times 10^{-2}}{3.33 \times 10^{-2}} = 4.74$$

3) 当量点（図 12.6 ③）

0.100 mol/L NaOH を 20.0 mL $\{(0.200 \times 10/1000) = 2.00 \times 10^{-3} \text{ mol}\}$ 滴加した点である．図 12.6 のように，試料 CH$_3$COOH は NaOH で完全に中和されており，**CH$_3$COONa（弱酸と強塩基の塩）水溶液**となっている．塩の加水分解により液性は塩基性となっている．

$$CH_3COONa \longrightarrow CH_3COO^- + Na^+$$

$$CH_3COO^- + H_2O \rightleftharpoons CH_3COOH + OH^- \qquad K_b = \frac{K_w}{K_a} = \frac{1.0 \times 10^{-14}}{1.8 \times 10^{-5}} = 5.6 \times 10^{-10}$$

（CH$_3$COOH の $K_a = 1.8 \times 10^{-5}$）

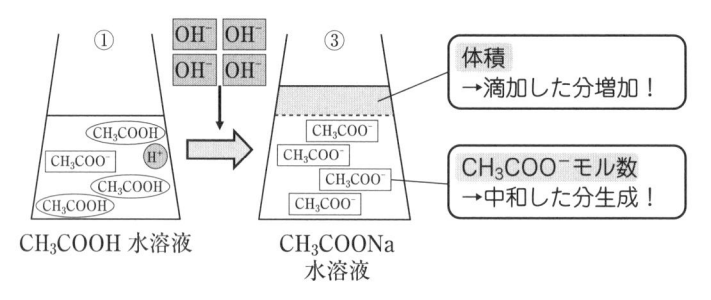

図 12.8 当量点における体積とモル数の変化
試料 CH$_3$COOH を標準液 NaOH で滴定

このことにより，弱酸を強塩基で滴定するときの当量点は塩基性側にある．当量点に達した瞬間に酸性から塩基性に向かって大きく変化し，pH 飛躍が見られる．

pH の計算では，弱酸と強塩基からなる塩の水溶液の pH を求めることになる．まず，pOH 算出の近似式を用いると

$$[\text{OH}^-] = \sqrt{K_b \cdot C_{\text{CH}_3\text{COONa}}}$$

すなわち

$$[\text{H}^+] = \frac{K_w}{[\text{OH}^-]} = \frac{K_w}{\sqrt{K_b \cdot C_{\text{CH}_3\text{COONa}}}} = \frac{K_w}{\sqrt{\frac{K_w}{K_a} \cdot C_{\text{CH}_3\text{COONa}}}} = \sqrt{\frac{K_w \cdot K_a}{C_{\text{CH}_3\text{COONa}}}}$$

$$\therefore \quad \text{pH} = 7 + \frac{1}{2}\left(\text{p}K_a + \log C_{\text{CH}_3\text{COONa}}\right)$$

ここで，$C_{\text{CH}_3\text{COONa}}$ は，NaOH による CH_3COOH の中和によって生成した CH_3COO^- のモル数と，NaOH 標準液の滴加により増加した体積を使って求める必要がある（図 12.8）．すなわち

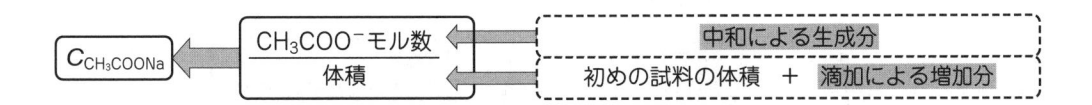

$$C_{\text{CH}_3\text{COONa}} \Leftarrow \frac{\text{CH}_3\text{COO}^-\text{モル数}}{\text{体積}} \Leftarrow \begin{array}{l}\text{中和による生成分} \\ \text{初めの試料の体積 + 滴加による増加分}\end{array}$$

よって

(CH₃COO⁻ のモル数)

= (NaOH 滴加により生成した CH₃COO⁻ のモル数)

= (滴加した NaOH のモル数)

= $0.100 \times \dfrac{20.0}{1000}$ (mol)

(体積) = (初めの試料 CH₃COOH の体積) + (NaOH 滴加量)

= (20.0 + 20.0) (mL)

= $\left(\dfrac{20.0}{1000} + \dfrac{20.0}{1000}\right)$ (L)

結局 $C_{\text{CH}_3\text{COONa}}$ は

$$C_{\text{CH}_3\text{COONa}} = \frac{0.100 \times \dfrac{20.0}{1000}}{\dfrac{20.0}{1000} + \dfrac{20.0}{1000}} = 5.00 \times 10^{-2} \, (\text{mol/L})$$

$$\therefore \text{pH} = 7 + \frac{1}{2}\left\{-\log(1.8 \times 10^{-5}) + \log(5.00 \times 10^{-2})\right\} = 8.72$$

4) 当量点後（図12.6 ④）

0.100 mol/L NaOH を 30.0 mL 滴加した場合（(0.100 × 30.0/1000) = 3.00 × 10^{-3} mol）を考える．③へさらに NaOH を過剰に加えているので，NaOH と CH$_3$COONa の混合水溶液であるが，これは実質的には単なる **NaOH（強塩基）水溶液**と見なせる．そのため，当量点を過ぎるとさらに高 pH に向かって大きく変化する（図12.6）．

$$NaOH \longrightarrow Na^+ + OH^-$$

この**強塩基水溶液**の pH は C_{NaOH} から求められる．C_{NaOH} は次のように過量に滴加した NaOH のモル数と体積から求まる．

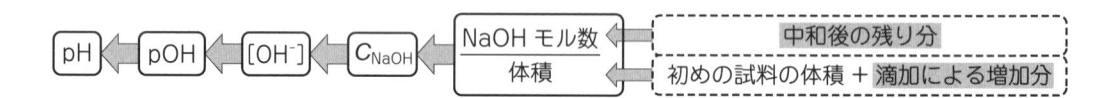

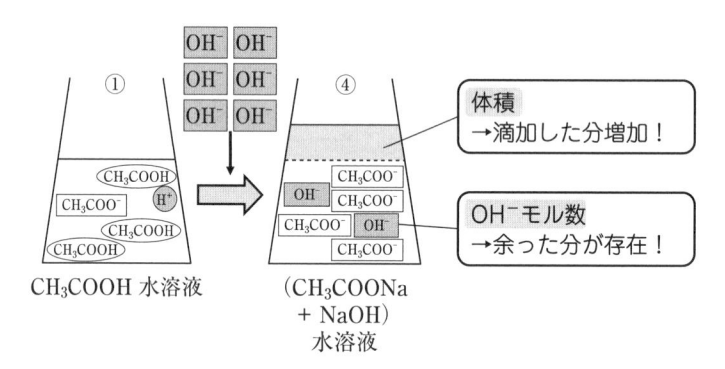

図 12.9 当量点後の体積とモル数の変化
試料 CH$_3$COOH を標準液 NaOH で滴定

よって

（NaOHのモル数）
　= （滴加したNaOHの総モル数） − （CH$_3$COOHで消費されたNaOHのモル数）

$$= \left(0.100 \times \frac{30.0}{1000} - 0.100 \times \frac{20.0}{1000}\right) (mol)$$

（体積） = （初めの試料CH$_3$COOHの体積） + （NaOH滴加量）

$$= \left(\frac{20.0}{1000} + \frac{30.0}{1000}\right) (L)$$

コニカルビーカー中の溶液の C_{NaOH} は

$$C_{NaOH} = \frac{（NaOHのモル数）}{（体積）}$$

$$= \frac{0.100 \times \dfrac{30.0}{1000} - 0.100 \times \dfrac{20.0}{1000}}{\dfrac{20.0}{1000} + \dfrac{30.0}{1000}} = 2.00 \times 10^{-2} (\mathrm{mol/L})$$

∴ pH = 14 − pOH = 14 − {− log(2.00 × 10^{-2})} = 12.30

3 弱塩基を強酸で滴定

この例では，試料として弱塩基 NH$_3$ を，標準液として強酸 HCl を用いて滴定する．

$$\mathrm{NH_3 + HCl \longrightarrow NH_4Cl}$$

0.100 mol/L NH$_3$ 20.0 mL の試料 {(0.100 × 20.0/1000) = 2.00 × 10^{-3} mol} を標準液の 0.100 mol/L HCl で滴定する場合，試料の弱塩基に加えて，弱塩基の塩が滴定の進行につれて新たに生成し，これらのうちどちらか一方あるいはそれらの両方が電離して溶液の pH が決定される．

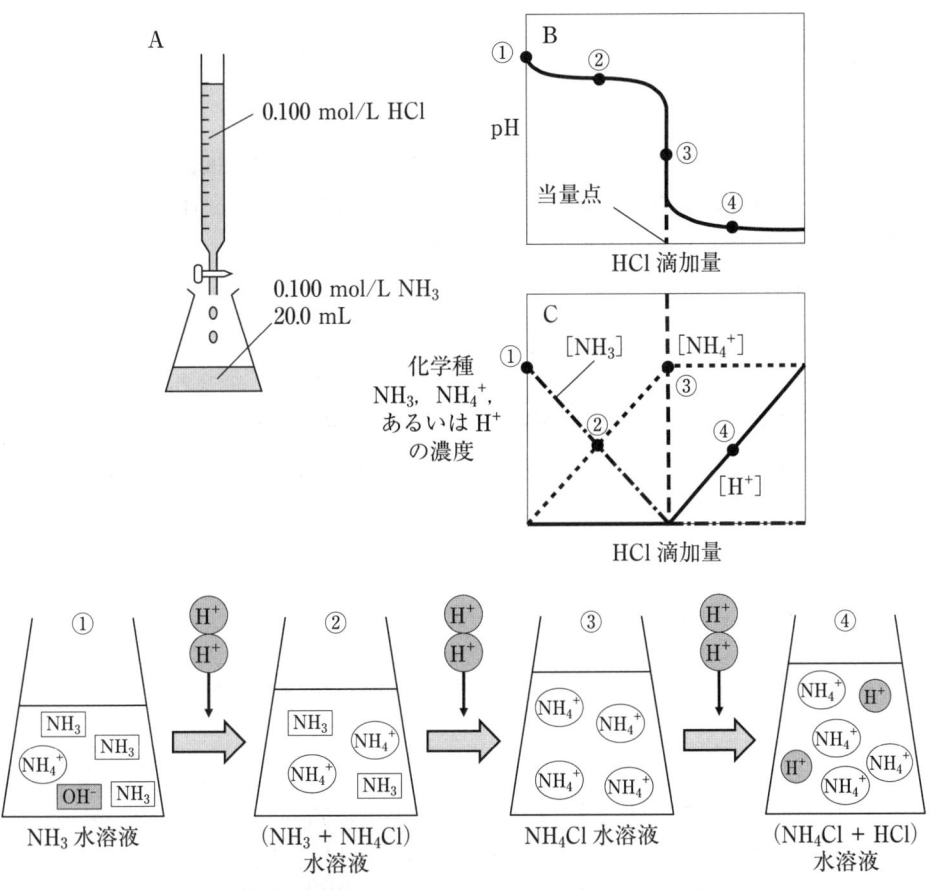

図 12.10 NH$_3$ を HCl で滴定したときの滴定曲線とコニカルビーカー内の化学種の変化の概要
① 滴定開始前，② 滴定進行中，③ 当量点，④ 当量点後

1) 滴定開始前（図 12.10 ①）

この水溶液は試料の 0.100 mol/L **NH₃（弱塩基）水溶液**であり，生成する OH⁻ により高 pH を示す（図 12.10）．

$$NH_3 + H_2O \rightleftharpoons NH_4^+ + OH^- \qquad K_b = 1.8 \times 10^{-5}$$

pOH 算出の近似式を用いて

$$[OH^-] = \sqrt{K_b \cdot C_{NH_3}}$$

pH は

$$[H_3O^+] = \frac{K_w}{[OH^-]} = \frac{K_w}{\sqrt{K_b \cdot C_{NH_3}}}$$

$$\therefore \quad pH = 14 - \frac{1}{2}\left(pK_a + \log C_{NH_3}\right)$$

で表されるので，$C_{NH_3} = 0.100$ (mol/L)，電離定数 $K_b = 1.8 \times 10^{-5}$ より

$$pH = 14 - \frac{1}{2}\left\{(-\log(1.8 \times 10^{-5}) - \log(0.100)\right\} = 11.13$$

2) 滴定進行中（図 12.10 ②）

標準液の 0.100 mol/L HCl を 10.0 mL 滴加した場合 $\{(0.100 \times 10.0/1000) = 1.00 \times 10^{-3}$ mol$\}$ を考える．HCl が滴加されて滴定が始まると，試料である NH₃ の一部が HCl で中和されて濃度は減少し，次式のように塩 NH₄Cl が生成し，これは電離して NH₄⁺ となっている．

$$NH_3 + HCl \longrightarrow NH_4Cl$$
$$NH_4Cl \longrightarrow NH_4^+ + Cl^-$$

また，溶液中には未反応の NH₃ も残っているから，この溶液は NH₃（弱塩基）と NH₄⁺（その共役酸）の混合水溶液であり，実質 **pH 緩衝液**となっている．滴定曲線を見ると，滴定開始後は弱塩基への強酸の滴加により pH がいったん大きく減少するが，滴加が少し進むと緩衝液となるため pH 変化が小さくなる（図 12.10）．また，pH は次の Henderson–Hasselbalch 式から求められる．

$$pH = 14 - pK_b + \log \frac{[NH_3]}{[NH_4^+]}$$

すなわち，pH 算出には [NH₃] と [NH₄⁺] をそれぞれ求める必要がある．計算のイメージは

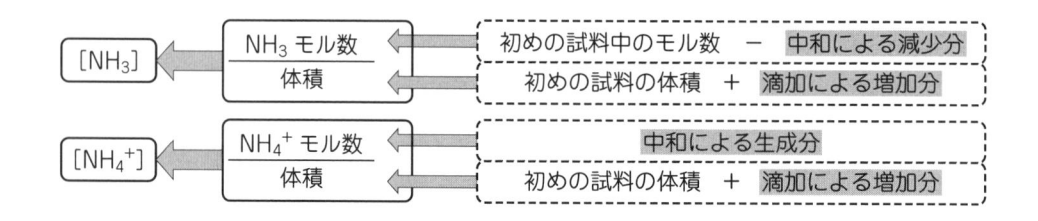

[NH₃] ← NH₃ モル数 / 体積 ← 初めの試料中のモル数 − 中和による減少分 / 初めの試料の体積 + 滴加による増加分

[NH₄⁺] ← NH₄⁺ モル数 / 体積 ← 中和による生成分 / 初めの試料の体積 + 滴加による増加分

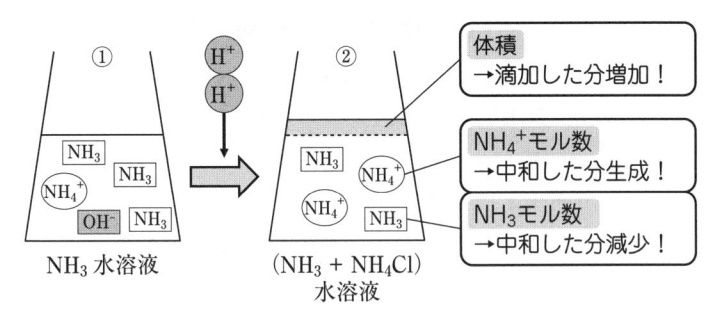

図 12.11　滴定進行中の体積とモル数の変化
試料 NH₃ を標準液 HCl で滴定

(NH₃のモル数)
$$= (初めの試料NH_3のモル数) - (HCl滴加により減少したNH_3のモル数)$$
$$= \left(0.100 \times \frac{20.0}{1000} - 0.100 \times \frac{10.0}{1000}\right)(\text{mol})$$

(NH₄⁺のモル数)
$$= (HCl滴加により生成したNH_4^+のモル数)$$
$$= (滴加したHClのモル数)$$
$$= 0.100 \times \frac{10.0}{1000}\,(\text{mol})$$

(体積) = (初めの試料NH₃の体積) + (HCl滴加量)
$$= (20.0 + 10.0)(\text{mL})$$
$$= \left(\frac{20.0}{1000} + \frac{10.0}{1000}\right)(\text{L})$$

すなわち，[NH₃] および [NH₄⁺] は

$$[\text{NH}_3] = \frac{(\text{NH}_3のモル数)}{(体積)} = \frac{0.100 \times \frac{20.0}{1000} - 0.100 \times \frac{10.0}{1000}}{\frac{20.0}{1000} + \frac{10.0}{1000}} = 3.33 \times 10^{-2}\,(\text{mol/L})$$

$$[\text{NH}_4^+] = \frac{(\text{NH}_4^+のモル数)}{(体積)} = \frac{0.100 \times \frac{10.0}{1000}}{\frac{20.0}{1000} + \frac{10.0}{1000}} = 3.33 \times 10^{-2}\,(\text{mol/L})$$

$$\therefore\ \text{pH} = 14 + \log(1.8 \times 10^{-5}) + \log\frac{3.33 \times 10^{-2}}{3.33 \times 10^{-2}} = 9.26$$

3) 当量点（図 12.10 ③）

0.100 mol/L HCl を 20.0 mL 滴加した点（$(0.100 \times 20.0/1000) = 2.00 \times 10^{-3}$ mol）では，試料

NH₃ は HCl で完全に中和されて **NH₄Cl（弱塩基と強酸の塩）水溶液** となっている（図 12.10）．またこの溶液は塩の加水分解によって H_3O^+ を生じる．

$$NH_4Cl \longrightarrow NH_4^+ + Cl^-$$

$$NH_4^+ + H_2O \longrightarrow NH_3 + H_3O^+$$

$$NH_3 + H_2O \rightleftharpoons NH_4^+ + OH^- \qquad K_b = 1.8 \times 10^{-5}$$

このため，当量点は酸性を示す．当量点に達した瞬間に塩基性から酸性に向かって大きく変化し，pH 飛躍が生じる．

pH は，弱塩基と強酸からなる塩の水溶液について考えればよい．すなわち

$$[H_3O^+] = \sqrt{K_a \cdot C_{NH_4Cl}} = \sqrt{\frac{K_w}{K_b} \cdot C_{NH_4Cl}}$$

$$\therefore\ pH = 7 - \frac{1}{2}\left(pK_b + \log C_{NH_4Cl}\right)$$

ここで，C_{NH_4Cl} は，HCl による NH₃ の中和によって生成した NH₄Cl のモル数と HCl 標準液の滴加により増加した体積から求められる．

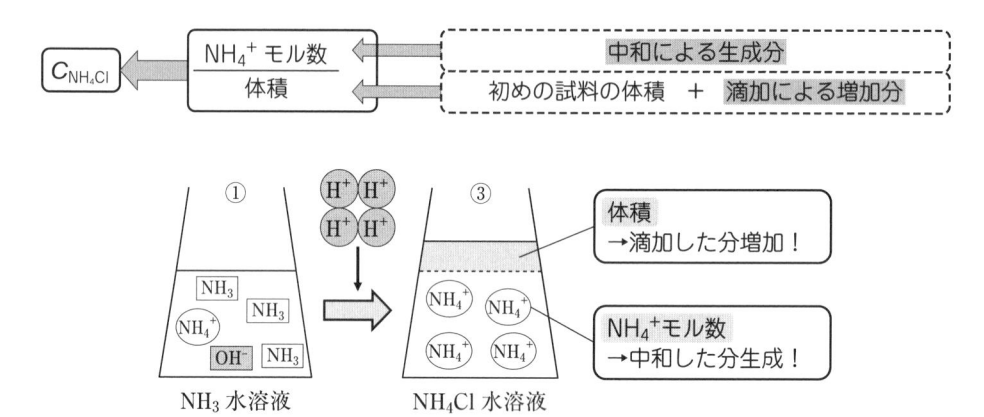

図 12.12 当量点における体積とモル数の変化
試料 NH₃ を標準液 HCl で滴定

$$C_{NH_4Cl} = \frac{(NH_4^+\text{のモル数})}{(\text{体積})}$$

$$= \frac{(\text{滴加した HCl のモル数})}{(\text{初めの試料 NH}_3\text{の体積}) + (\text{HCl 滴加量})}$$

$$= \frac{0.100 \times \dfrac{20.0}{1000}}{\dfrac{20.0}{1000} + \dfrac{20.0}{1000}} = 0.050\,(\text{mol/L})$$

$$\therefore\ pH = 7 - \frac{1}{2}\left\{-\log(1.8 \times 10^{-5}) + \log 0.050\right\} = 5.28$$

4) 当量点後（図12.10 ④）

　当量点を過ぎて 0.100 mol/L HCl を 30.0 mL 滴加 {(0.100 × 30.0/1000) = 3.00 × 10⁻³ mol} したとき，過量の HCl と NH₄Cl との混合水溶液であるが，実質上 **HCl（強酸）水溶液**と見なせる．そのため，当量点を過ぎてから低 pH に向かって大きく変化する（図12.10）．

$$HCl + H_2O \longrightarrow Cl^- + H_3O^+$$

過剰に加えられた HCl の水溶液として pH を求める．すなわち

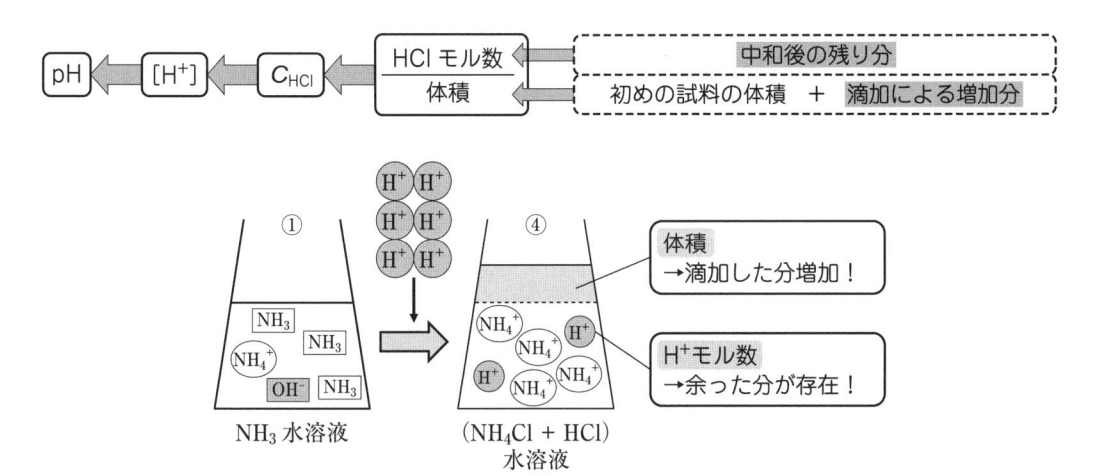

図12.13　当量点後の体積とモル数の変化
試料 NH₃ を標準液 HCl で滴定

（HClのモル数）
$$= （滴加したHClのモル数）-（NH_3で消費されたHClのモル数）$$
$$= \left(0.100 \times \frac{30.0}{1000} - 0.100 \times \frac{20.0}{1000}\right)(\text{mol})$$

（体積）=（初めの試料NH₃の体積）+（HCl滴加量）
$$= \left(\frac{20.0}{1000} + \frac{30.0}{1000}\right)(\text{L})$$

よって C_{HCl} は

$$C_{HCl} = \frac{（HClのモル数）}{（体積）} = \frac{0.100 \times \dfrac{30.0}{1000} - 0.100 \times \dfrac{20.0}{1000}}{\dfrac{20.0}{1000} + \dfrac{30.0}{1000}} = 2.00 \times 10^{-2} (\text{mol/L})$$

$[H^+] = 2.00 \times 10^{-2} (\text{mol/L})$

∴　$pH = -\log(2.00 \times 10^{-2}) = 1.70$

13 容量分析法の計算をマスターする

1 容量分析法のしくみを理解する

容量分析法 volumetric analysis（滴定法ともいう）は，酸と塩基の中和反応のように量的関係が明らかな化学反応を利用して，濃度不明の物質の濃度を求める方法である．すなわち，容量分析法で行う実験や計算の最終目的は，（固体や液体試料中に含まれている）**目的成分の含量や濃度を求める**ことである．本章では，目的成分の含量や濃度を求める計算手順をマスターすることを目的とするが，最初に次のことを確認しよう．

容量分析の反応では，滴定剤となる物質Aと定量目的成分Bが，aモルの物質Aとbモルの物質Bというように一定の割合で反応（これを化学量論に従う反応という）が進行する．その反応を一般式で書くと，

$$aA + bB \longrightarrow cC(生成物) \tag{13.1}$$

となり，この式で表される化学反応の種類によって，「・・・滴定」などの名称で呼ばれる．

表13.1には，滴定の種類と反応を示した．なお，非水滴定は非水溶媒を用いる滴定であり，その反応は酸塩基反応などが多く用いられる．

表13.1 容量分析法の分類

種　類	利用する反応	終点決定法
酸塩基滴定，中和滴定	酸塩基反応	指示薬，あるいは機器（例：電位差滴定など）
沈殿滴定	沈殿生成反応	指示薬，あるいは機器（例：電位差滴定など）
キレート滴定，錯体生成滴定	錯体生成反応	指示薬
酸化還元滴定	酸化還元反応	指示薬，あるいは機器（例：電位差滴定など）
ジアゾ滴定	ジアゾ化反応	指示薬，あるいは機器（例：電位差滴定など）

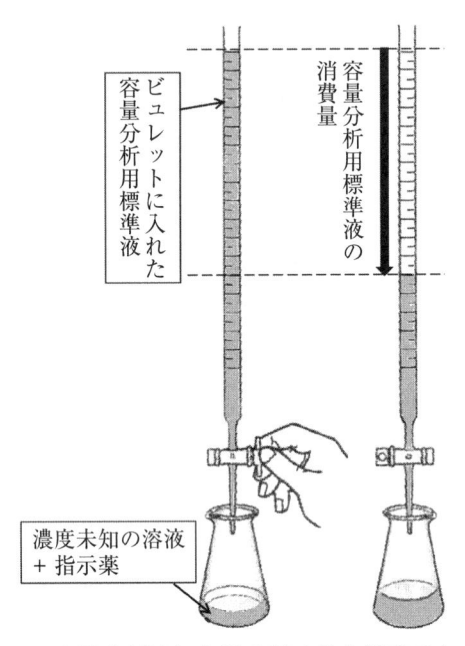

図 13.1　容量分析法における基本的な滴定のしくみ

　ここでは，図を見ながら滴定の操作手順を確認しよう．図 13.1 に示すように，通常の滴定実験では，コニカルビーカーに入れた B の水溶液に，ビュレットに入れた A の容量分析用標準液を少量ずつ添加していき，コニカルビーカー内で化学反応を進行させる．この時，ビュレット中の標準液 A の濃度が既知であるならば，反応が完結するまでに加えた標準液 A の体積（これを A の消費量という）から，コニカルビーカー内の成分 B の濃度や含量を計算する．反応が完結するとは，式（13.1）のモル比の割合（$a:b$）でコニカルビーカー内の B がほとんどすべて反応したことを指し，これを終点と呼んでいる．

　実際に目的成分の含量や濃度を求めるには，以下 ① 〜 ⑤ の実験操作を行っている（図 13.2 もあわせて参照すること）．それぞれの用語を正しく理解して，計算に臨んでほしい．

① 試料の準備（例えば，固体粉末の試料を水に溶かして水溶液にするなど）
② 容量分析用標準液の調製
③ 容量分析用標準液の標定（滴定により容量分析用標準液の濃度を求め，ファクターを計算）
④ 目的物質を含む試料の水溶液を容量分析用標準液で滴定（消費量の読み取り）
⑤ 目的成分の含量や濃度を求める計算

第13章 容量分析法の計算をマスターする   *139*

③ 標定のための滴定

ビュレットへ移す → 調製した標準液

滴定の消費量　標準液の濃度を計算しファクターを算出する

容量分析用 標準物質（化学天秤で秤量し，水に溶かした溶液：秤量値よりモル数がわかっている）

④ 定量のための滴定

濃度が決定した標準液

滴定の消費量　⑤ 目的物質の濃度を計算する

定量目的成分の溶液（濃度？）

② 容量分析用標準液の調製（表示濃度に近いが，濃度がわからないので標定して濃度を求める）

① 試料の準備

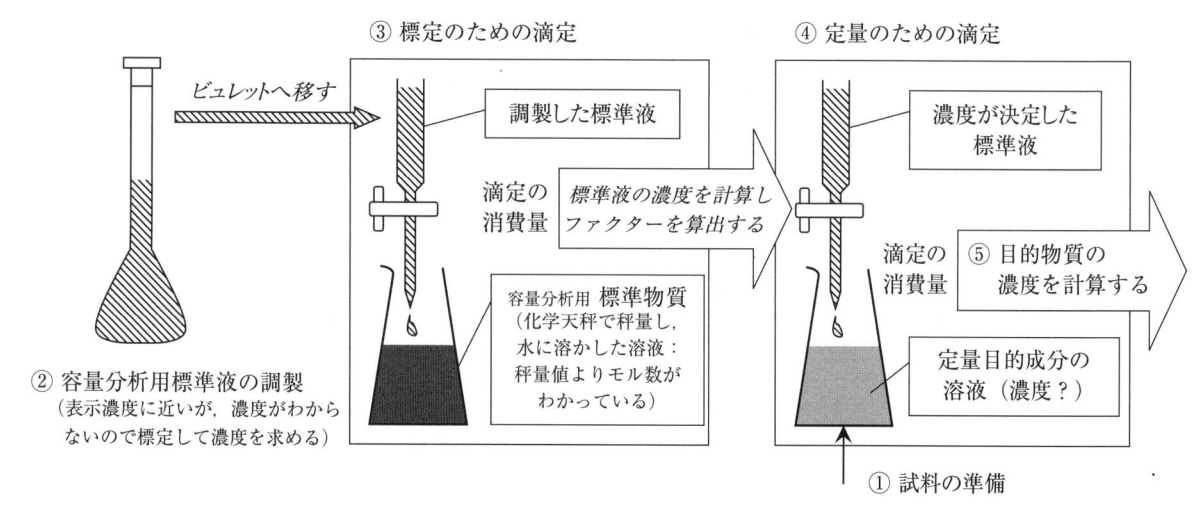

図13.2　標定を含めた容量分析法の実験手順（①〜⑤）

2 当量点で成立する式を作ろう

前節の式（13.1）に示した化学反応式よりAの何モルとBの何モルが反応するかわかっているので，ビュレットから添加された標準液中のAと，コニカルビーカー中の定量目的成分Bの物質量比（＝モル比）が「$a:b$」になったときに化学反応が完結する．このときが理論上の**当量点** equivalence point であり，このときを指示薬の変色などで実験的に判定した場合は**終点** end point と呼んでいる．容量分析では，<u>滴定開始から終点までに要した標準液の消費量</u>と，<u>標準液の濃度</u>と，<u>化学反応のモル比</u>から，目的成分Bの濃度や含量が計算できる．

この終点までの標準液の消費量が V mL であったならば，次の関係式が成り立つ．

> 標準液 V mL中のAのモル数：コニカルビーカー中のBのモル数 $= a:b$　　（13.2）

式（13.2）は，容量分析法の計算において最も基礎となる関係であり，本章で取り扱うほぼすべての計算問題について，まずこの比例式を立てるとわかりやすい．以下，例題を用いてこの比例関係を確かめてみよう．

例題1　<u>濃度不明の塩酸</u> 10 mL をコニカルビーカーに入れ，0.1 mol/L 水酸化ナトリウム液（標準液）で滴定したところ終点までに 20 mL を消費した（図13.3）．この塩酸のモル濃度（mol/L）はいくらか．

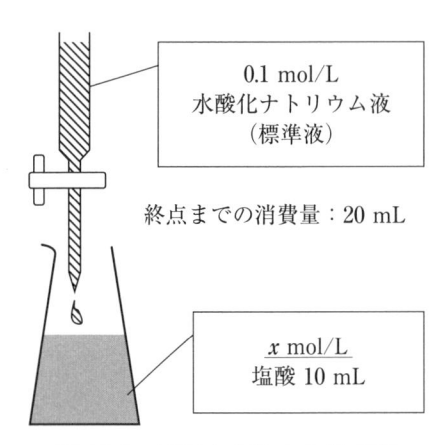

図 13.3　例題 1 の滴定の模式図

解答　この酸塩基滴定の化学反応式は，

$$\underset{\text{水酸化ナトリウム}}{\text{NaOH}} + \underset{\text{塩酸}}{\text{HCl}} \longrightarrow \text{NaCl} + \text{H}_2\text{O}$$

であり，標準液中のNaOHとコニカルビーカー中のHClは1：1のモル比で反応する．

このとき，(滴定で消費された)標準液20 mL中のNaOHのモル数は

$$0.1\,(\text{mol/L}) \times \frac{20}{1000}\,(\text{L}) \tag{13.3}$$

であり，また，求める塩酸濃度を x mol/L とすれば，（ビーカーに入れた）塩酸 10 mL 中のHClのモル数は

$$x\,(\text{mol/L}) \times \frac{10}{1000}\,(\text{L}) \tag{13.4}$$

である．滴定終点においては，式（13.3）：式（13.4）＝1：1のモル比であるので，

$$0.1 \times \frac{20}{1000} : x \times \frac{10}{1000} = 1 : 1 \tag{13.5}$$

の比例が成立し，この式を解くことにより，求める塩酸のモル濃度（x）は 0.2 mol/L であることがわかる．

例題 2　0.2 mol/L 塩酸 10 mL をコニカルビーカーに入れ，濃度不明の水酸化ナトリウム液（標準液）で滴定したところ終点までに 20 mL を消費した（図13.4）．この水酸化ナトリウム液のモル濃度（mol/L）はいくらか．

第13章　容量分析法の計算をマスターする　　　　　　　　　　141

y mol/L
水酸化ナトリウム液
（標準液）

終点までの消費量：20 mL

0.2 mol/L
塩酸 10 mL

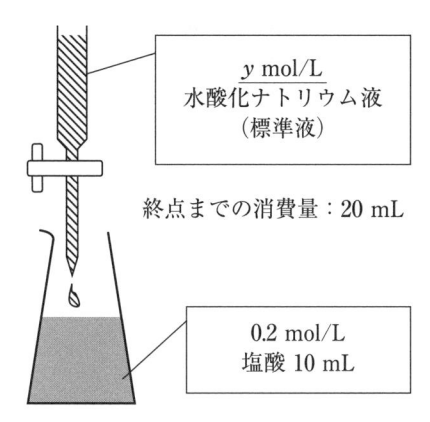

図 13.4　例題2の滴定の模式図

解答　この問題では，（ビーカー中の塩酸濃度ではなく）標準液の水酸化ナトリウム濃度が問われている．先の例題1と同様に，滴定終点における反応の比例式を立ててみよう．すなわち，標準液である水酸化ナトリウム液の濃度をy mol/L とすれば，例題1の式（13.5）は次のように書き直すことができる．

$$y \times \frac{20}{1000} : 0.2 \times \frac{10}{1000} = 1 : 1$$

これより，標準液の水酸化ナトリウム濃度（y）は 0.1 mol/L と計算できる．
なお，このような滴定の仕組みと計算は「標定」においてよく行われる．

例題3　0.2 mol/L 塩酸 10 mL をコニカルビーカーに入れ，0.1 mol/L 水酸化ナトリウム液（標準液）で滴定した．（図 13.5）．滴定終点まで加えた標準液の体積（消費量，mL）はいくらか．

0.1 mol/L
水酸化ナトリウム液
（標準液）

終点までの消費量：z mL

0.2 mol/L
塩酸 10 mL

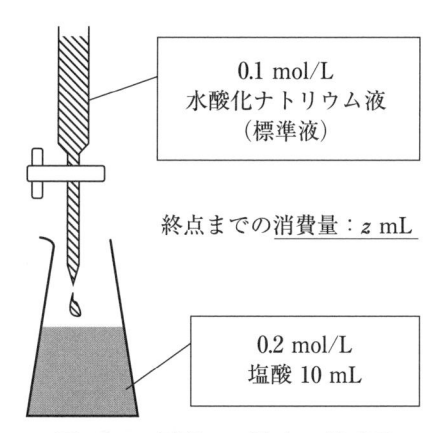

図 13.5　例題3の滴定の模式図

解答　この問題は，滴定終点までに必要な水酸化ナトリウム液の消費量（mL）を予測する事例と言い換えることもできる．この場合もまた，滴定終点における反応の比例式を立てれ

ばよい．すなわち，終点までに加えた水酸化ナトリウム液の体積を z mL とすれば，例題 1 の式（13.5）は次のように書き直すことができる．

$$0.1 \times \frac{z}{1000} : 0.2 \times \frac{10}{1000} = 1 : 1$$

この式を解くことにより，滴定に要した 0.1 mol/L 水酸化ナトリウム液の消費量（z）は 20 mL と計算できる．

❸ 標定を理解する

1 で述べたように，容量分析用標準液の濃度を正確に求めるための滴定操作を，**標定** standardization という．ここで，標定の仕組みをきちんと理解しておこう．

容量分析用標準液の標定には，高純度で基準となる物質を用いて滴定を行う必要がある．この物質を**容量分析用標準物質** reference materials for volumetric analysis（日本薬局方では標準試薬とも呼ばれている）という．容量分析用標準物質は，分析結果の正確さを左右する重要な物質であるので，品目や純度，化学的性質，取り扱い方法などが規定されている．例えば JIS（日本工業規格）K 8005 では，表 13.2 に示した 11 品目を容量分析用標準物質として規定している．

表 13.2　容量分析用標準物質（JIS K8005-2006）

標準物質	化学式	質量分率（％）	適　用
アミド硫酸	$HOSO_2NH_2$	99.90 以上	酸塩基滴定
炭酸ナトリウム	Na_2CO_3	99.97 以上	酸塩基滴定
フタル酸水素カリウム	$C_6H_4(COOK)(COOH)$	99.95 〜 100.05	酸塩基滴定
塩化ナトリウム	$NaCl$	99.98 以上	沈殿滴定
フッ化ナトリウム	NaF	99.90 以上	沈殿滴定
亜鉛	Zn	99.99 以上	キレート滴定，沈殿滴定
銅	Cu	99.98 以上	キレート滴定，酸化還元滴定
酸化ヒ素（Ⅲ）	As_2O_3	99.95 以上	酸化還元滴定
シュウ酸ナトリウム	$(COONa)_2$	99.95 以上	酸化還元滴定
二クロム酸カリウム	$K_2Cr_2O_7$	99.98 以上	酸化還元滴定
ヨウ素酸カリウム	KIO_3	99.95 以上	酸化還元滴定

容量分析用標準物質を基準にして容量分析用標準液の濃度を求める標定では，ほぼ表示濃度に調製された標準液の実際の濃度を決定する．通常，この濃度は表示濃度に近い値であるが，必ずしも表示濃度とは一致しない．そのずれの度合いをファクターにより表す．すなわち，標定によって求めた標準液の濃度の，表示濃度に対する比を**ファクター** factor といい，記号 f で表す．

$$f = \frac{標定で求めた標準液の濃度}{標準液の表示濃度} \tag{13.6}$$

例えば，表示濃度 0.1 mol/L の塩酸を調製し標定した結果，標定で求めた濃度が 0.1015 mol/L

であった場合は，この標準液のファクターは

$$f = \frac{0.1015}{0.1} = 1.015$$

と計算できる．また，表示濃度 0.1 mol/L の水酸化ナトリウム液のファクターが 0.995 であった場合は，この標準液中の NaOH の実際の濃度は

$$表示濃度 \times f = 0.1 \times 0.995 = 0.0995 \,(\text{mol/L})$$

であることがわかる．

標定によりファクターが確定した容量分析用標準液は，「0.1 mol/L 塩酸（$f = 1.015$）」のように，「表示濃度，標準液の名称，（ファクター数値）」を用いて表す．これを目的成分の定量に使用できる．日本薬局方では，容量分析用標準液はファクターが 0.970～1.030 の範囲にあるように調製する，と規定している．また，日本薬局方には表 13.3 に例示するような容量分析用標準液が，表示濃度，調製方法，標定方法や標準物質などと共に規定されている．

表 13.3 容量分析用標準液の例

容量分析用標準液	標定に用いる標準物質*（標準液**）	適　用
0.1 mol/L 塩酸	炭酸ナトリウム	酸塩基滴定
0.1 mol/L 水酸化ナトリウム液	アミド硫酸	酸塩基滴定
0.1 mol/L 過塩素酸	フタル酸水素カリウム	酸塩基滴定（非水滴定）
0.1 mol/L 硝酸銀液	塩化ナトリウム	沈殿滴定
0.1 mol/L エチレンジアミン四酢酸二水素二ナトリウム（EDTA・2Na）液	亜鉛	キレート滴定
0.02 mol/L 過マンガン酸カリウム液	シュウ酸ナトリウム	酸化還元滴定
0.05 mol/L ヨウ素液	（0.1 mol/L チオ硫酸ナトリウム液）	酸化還元滴定
0.1 mol/L チオ硫酸ナトリウム液	ヨウ素酸カリウム	酸化還元滴定

＊日本薬局方では「標準試薬」の記載も用いられている．
＊＊標定に他の容量分析用標準液を用いる場合（間接法）に使用する標準液のこと．
（第十六改正日本薬局方より抜粋）

通常，標準液の標定は容量分析用標準物質を用いて滴定する「**直接法**」で行われる．しかし，適切な標準物質がない場合は，事前に直接法によって標定された他の容量分析用標準液と反応させて，標準液の濃度とファクターを決定する．この標定を「**間接法**」という．間接法の例として，表 13.3 の 0.05 mol/L ヨウ素標準液の標定は，0.1 mol/L チオ硫酸ナトリウム液を用いる間接法で行うことが日本薬局方において規定されている．図 13.6 に示すように，ここで用いる 0.1 mol/L チオ硫酸ナトリウム液は，あらかじめヨウ素酸カリウムを用いる直接法によって標定されたものである．一般に，間接法は操作が余分に加わるため，直接法よりもファクターの正確さは劣る．

0.05 mol/L ヨウ素液の標定
（間接法）

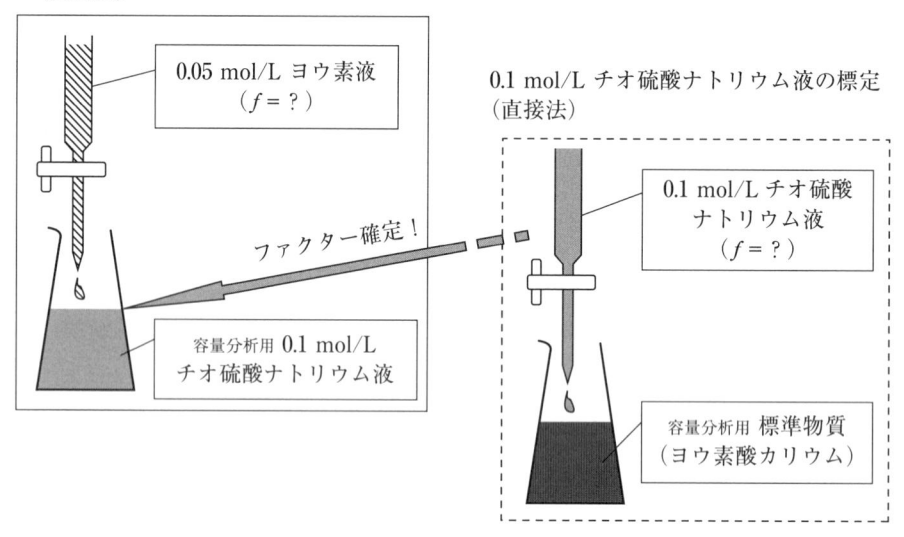

図13.6 間接法による0.05mol/L ヨウ素液の標定手順

4 標定における容量分析用標準液のファクターを計算する

標定の記述を知り，ファクターを計算する方法を理解するために，以下の例題を用いて解説する．

例題4 0.1 mol/L 水酸化ナトリウム液の標定（直接法）

標準試薬であるアミド硫酸（$HOSO_2NH_2$，分子量：97.09，ゆえにモル質量は 97.09（g/mol）である）0.1600 g を量りとり，新たに煮沸して冷却した水に溶かしてコニカルビーカーへ入れ，ブロモチモールブルー（BTB）試液を加えてから，調製した 0.1 mol/L 水酸化ナトリウム液で終点まで滴定したところ，16.20 mL を要した（図13.7）．この 0.1 mol/L 水酸化ナトリウム液のファクター（f）はいくらか．

第 13 章　容量分析法の計算をマスターする

```
                0.1 mol/L
                水酸化ナトリウム液
                （ f ＝ ？ ）

   終点までの消費量：16.20 mL

                0.1600 g
                アミド硫酸
                （モル質量：97.09 g/mol）
```

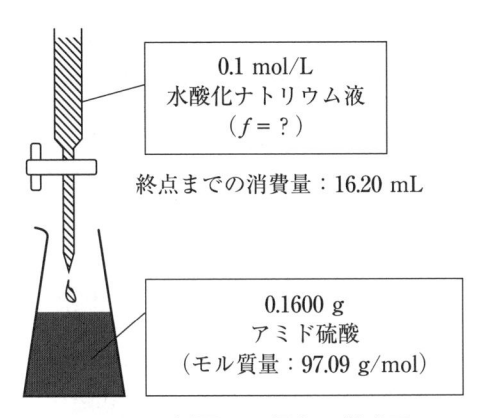

図 13.7　例題 4 の標定の模式図

解答　この酸塩基滴定の化学反応式は，

$$\underset{\text{水酸化ナトリウム}}{\text{NaOH}} + \underset{\text{アミド硫酸}}{\text{HOSO}_2\text{NH}_2} \longrightarrow \text{NaOSO}_2\text{NH}_2 + \text{H}_2\text{O}$$

であり，NaOH と HOSO_2NH_2 は 1：1 のモル比で反応する．また，この水酸化ナトリウム液の実際の濃度は $0.1\,(\text{mol/L}) \times f$ であるので，水酸化ナトリウム液の消費量 16.20 mL 中の NaOH のモル数は

$$0.1\,(\text{mol/L}) \times f \times \frac{16.20}{1000}\,(\text{L}) \tag{13.7}$$

である．また，ビーカーに入れたアミド硫酸のモル数は，「量った質量（g）/モル質量」であるので

$$\frac{0.1600\,(\text{g})}{97.09\,(\text{g/mol})} \tag{13.8}$$

と表される．滴定終点においては，式 (13.7)：式 (13.8) ＝ 1：1 のモル比であるので，

$$0.1 \times f \times \frac{16.20}{1000} : \frac{0.1600}{97.09} = 1 : 1$$

の比例が成立し，この式を解くことで $f = 1.017$ が得られる（すなわち，この標準液の実際の濃度は 0.1017 mol/L である）．

例題 5　0.1 mol/L 水酸化ナトリウム液の標定（間接法）

容量分析用標準液である 0.05 mol/L 硫酸（ $f = 0.990$ ）20 mL を正確に量り，コニカルビーカーへ入れ，ブロモチモールブルー（BTB）試液を加えてから，調製した 0.1 mol/L 水酸化ナトリウム液で終点まで滴定したところ，19.50 mL を要した（図 13.8）．この 0.1 mol/L 水酸化ナトリウム液のファクター（ f ）はいくらか．

```
        0.1 mol/L
        水酸化ナトリウム液
        （f = ?）

        終点までの消費量：19.50 mL

        0.05 mol/L 硫酸
        （f = 0.990）
        20 mL
```

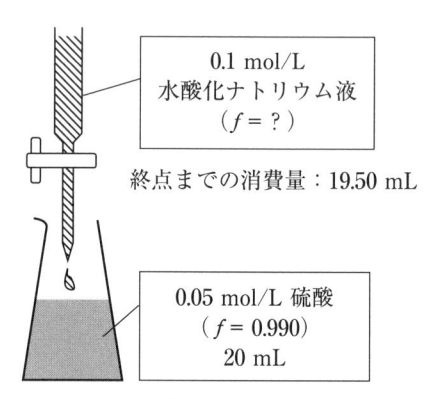

図 13.8　例題 5 の標定の模式図

解答　この酸塩基滴定の化学反応式は，

$$\underset{\text{水酸化ナトリウム}}{2\text{NaOH}} + \underset{\text{硫酸}}{\text{H}_2\text{SO}_4} \longrightarrow \text{Na}_2\text{SO}_4 + 2\text{H}_2\text{O}$$

であり，NaOH と H_2SO_4 は 2：1 のモル比で反応する．また，この水酸化ナトリウム液の実際の濃度は $0.1 \times f$ mol/L であるので，水酸化ナトリウム液の消費量 19.50 mL 中の NaOH のモル数は

$$0.1 \times f \times \frac{19.50}{1000} \tag{13.9}$$

である．また，ビーカーに入れた 0.05 mol/L 硫酸（f = 0.990）20 mL 中の H_2SO_4 のモル数は，

$$0.05 \times 0.990 \times \frac{20}{1000} \tag{13.10}$$

である．滴定終点においては，式（13.9）：式（13.10）= 2：1 のモル比であるので，

$$0.1 \times f \times \frac{19.50}{1000} : 0.05 \times 0.990 \times \frac{20}{1000} = 2:1$$

の比例が成立し，この式を解くことで f = 1.015 が得られる（すなわち，この標準液の実際の濃度は 0.1015 mol/L である）．

例題 6　0.1 mol/L 塩酸の標定（直接法）

標準試薬である炭酸ナトリウム（Na_2CO_3，分子量：105.989）0.1100 g を量りとり，水 50 mL に溶かしてコニカルビーカーへ入れ，メチルレッド試液を加えてから，調製した 0.1 mol/L 塩酸で終点まで滴定したところ，20.40 mL を要した（図 13.9）．この 0.1 mol/L 塩酸のファクター（f）はいくらか．

```
                    ┌──────────────────┐
                    │ 0.1 mol/L 塩酸   │
                    │   (f = ?)        │
                    └──────────────────┘

         終点までの消費量：20.40 mL

                    ┌──────────────────┐
                    │ 0.1100 g         │
                    │ 炭酸ナトリウム    │
                    │(モル質量：105.989 g/mol)│
                    └──────────────────┘
```

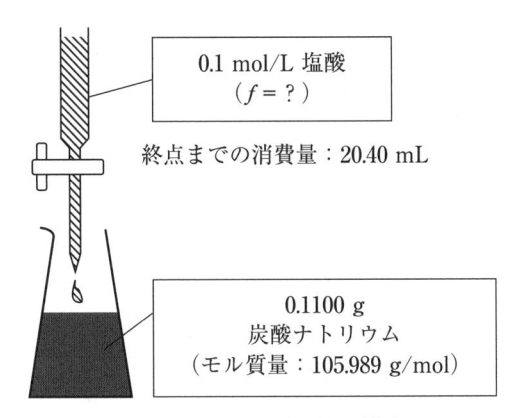

図 13.9　例題 6 の標定の模式図

解答　この酸塩基滴定の化学反応式は，

$$\underset{\text{塩酸}}{2\text{HCl}} + \underset{\text{炭酸ナトリウム}}{\text{Na}_2\text{CO}_3} \longrightarrow 2\text{NaCl} + \text{CO}_2 + \text{H}_2\text{O}$$

であり，HCl と Na_2CO_3 は 2：1 のモル比で反応する．すなわち，塩酸標準液の消費量 20.40 mL 中の HCl のモル数と，ビーカー内で滴定された炭酸ナトリウムのモル数の比が 2：1 であるので，

$$0.1 \times f \times \frac{20.40}{1000} : \frac{0.1100}{105.989} = 2 : 1$$

の比例が成立し，この式を解くことで $f = 1.017$ が得られる．

例題 7　0.1 mol/L チオ硫酸ナトリウム液の標定（直接法/空試験あり）

標準試薬であるヨウ素酸カリウム（KIO_3，分子量：214.00）0.0520 g をヨウ素瓶に精密に量り，水 25 mL に溶かし，ヨウ化カリウム 2 g および希硫酸 10 mL を加え，密栓し 10 分間放置した後，水 100 mL を加え，遊離したヨウ素を調製した 0.1 mol/L チオ硫酸ナトリウム（$\text{Na}_2\text{S}_2\text{O}_3$）液で滴定したところ，14.60 mL を要した（指示薬：デンプン試液）．同様に空試験を行ったところ，0.20 mL を要した（図 13.10）．この 0.1 mol/L チオ硫酸ナトリウム液のファクター（f）はいくらか．ただし，この実験操作においてヨウ素の遊離する反応は以下のとおりである．

$$\underset{\text{ヨウ素酸カリウム}}{\text{KIO}_3} + 5\text{KI} + 3\text{H}_2\text{SO}_4 \longrightarrow 3\text{K}_2\text{SO}_4 + 3\text{H}_2\text{O} + \underset{\text{ヨウ素}}{3\text{I}_2}$$

<本滴定>

0.1 mol/L
チオ硫酸ナトリウム液
(f = ？)

終点までの消費量：14.70 mL

0.0520 g
ヨウ素酸カリウム
(モル質量：214.00 g/mol)
+ 水 + KI + H_2SO_4

<空試験>

0.1 mol/L
チオ硫酸ナトリウム液
(f = ？)

空試験の消費量：0.20 mL

ヨウ素酸カリウムなし
+ 水 + KI + H_2SO_4

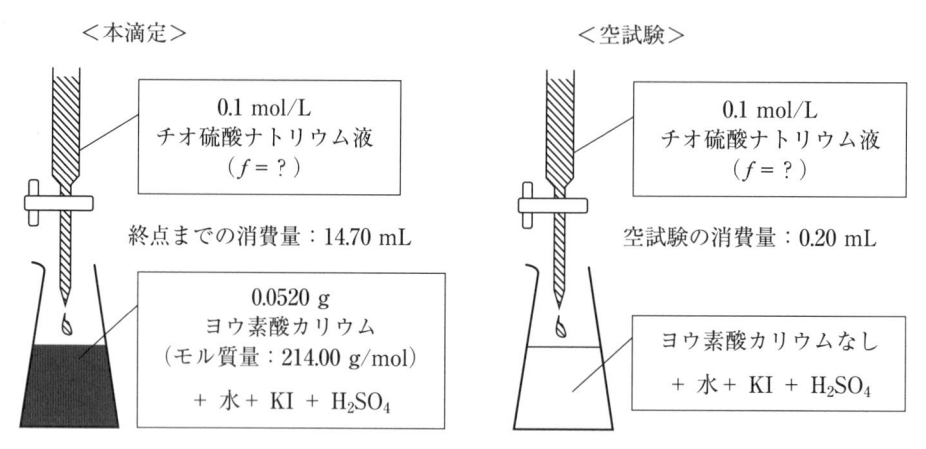

図13.10　例題7の標定の模式図

解答　この滴定においては二段階の化学反応が進行する．まず，上記の化学反応に従い滴定前のヨウ素瓶中において，標準試薬のヨウ素酸カリウム（KIO_3）1モルからヨウ素（I_2）が3モル遊離する．次の滴定では以下の酸化還元反応に従い，この遊離したヨウ素1モルと標準液中のチオ硫酸ナトリウム2モルが反応する．

$$\underset{\text{ヨウ素}}{I_2} + \underset{\text{チオ硫酸ナトリウム}}{2Na_2S_2O_3} \longrightarrow 2NaI + Na_2S_4O_6$$

すなわち，標準試薬のヨウ素酸カリウム1モルに対して，標準液中のチオ硫酸ナトリウム6モルが対応している．

　しかしながら，この滴定では，（滴定前の化学反応の際に加えた）ヨウ化カリウム（KI）からも微量のヨウ素が遊離しているため，滴定量に若干の誤差が生じる．そこで，この誤差を補正するために図13.10（右図）に示したような空試験 blank test を別途行う必要がある．この例題の場合は，本試験の消費量（14.70 mL）から空試験の消費量（0.20 mL）を差し引いた量が，ヨウ素酸カリウム（由来の遊離のヨウ素）と反応したチオ硫酸ナトリウム液の滴定量に相当する．

　すなわち，標準液の滴定量（14.60 − 0.20）mL 中の $Na_2S_2O_3$ のモル数と，量り取った KIO_3 のモル数の比が6：1であるので，

$$0.1 \times f \times \frac{(14.60 - 0.20)}{1000} : \frac{0.0520}{214.00} = 6 : 1$$

の比例式が成立し，この式を解くことで f = 1.012 が得られる．

例題8　0.1 mol/L EDTA・2Na 液の標定（直接法/試薬量に注意）

標準試薬である亜鉛（Zn，分子量：65.39）1.2500 g を量りとり，希塩酸と臭素を加えてから水を加えて正確に200 mL とする．この液25 mL を正確に量ってコニカルビーカーへ入れ，さらに緩衝液（pH 10.7）と EBT 指示薬を加えて，調製したエチレンジアミン四酢酸二水素二ナトリウム（EDTA・2Na）液で終点まで滴定したところ，23.80 mL を要した

（図 13.11）．この 0.1 mol/L EDTA・2Na 液のファクター（f）はいくらか．

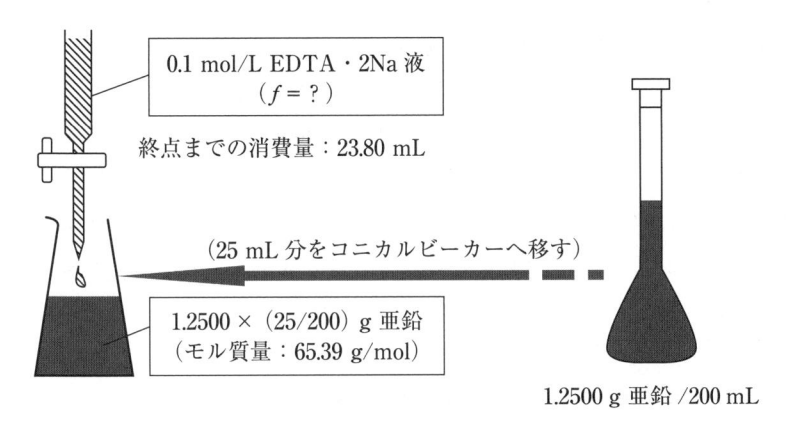

図 13.11　例題 8 の標定の模式図

解答　この滴定は，多価配位子であるエチレンジアミン四酢酸（EDTA）と亜鉛のキレート生成反応に基づいている．EDTA・2Na を一般式「Na$_2$YH$_2$」で表すとき，その化学反応式は

$$\underset{\text{EDTA・2Na}}{\text{Na}_2\text{YH}_2} + \underset{\text{亜鉛イオン}}{\text{Zn}^{2+}} \longrightarrow [\text{ZnY}]^{2-} + 2\text{Na}^+ + 2\text{H}^+$$

であり，標準液中の EDTA・2Na とビーカー中の Zn は 1：1 のモル比で反応する．EDTA は 2～4 価の金属イオンに対して（イオンの電荷に関係なく）1：1 のモル比で反応してキレートを生成することが知られている．

この例題で注意すべきは，最初に秤量した亜鉛は 1.2500 g であるけれども，その一部をコニカルビーカーに入れて滴定している点である．すなわち，コニカルビーカー内で滴定された亜鉛の量は秤量分の 25/200 ということである．すなわち，EDTA・2Na 液の消費量 23.80 mL 中の EDTA・2Na のモル数と，ビーカー内で滴定された Zn のモル数の比が 1：1 であるので，

$$0.1 \times f \times \frac{23.80}{1000} : \frac{1.2500 \times \frac{25}{200}}{65.39} = 1 : 1$$

の比例が成立し，この式を解くことで $f = 1.004$ が得られる．

❺ 日本薬局方における容量分析用標準液の標定の記載について（補足）

例えば，第十六改正日本薬局方／一般試験法／9.21 容量分析用標準液の項目において，「1 mol/L 塩酸」は次のように記載されている．

＜1 mol/L 塩酸＞

1000 mL 中塩酸（HCl：36.46）36.461 g を含む．

調製：塩酸 90 mL に水を加えて 1000 mL とし，次の標定を行う．

標定：炭酸ナトリウム（標準試薬）を 500～650℃で 40～50 分間加熱した後，デシケーター（シリカゲル）中で放冷し，その約 0.8 g を精密に量り，水 50 mL に溶かし，調製した塩酸で滴定し，ファクターを計算する（指示薬法：メチルレッド試液 3 滴，又は電位差滴定法）．ただし，指示薬法の滴定の終点は液を注意して煮沸し，ゆるく栓をして冷却するとき，持続するだいだい色～だいだい赤色を呈するときとする．電位差滴定は，被滴定液を激しくかき混ぜながら行い，煮沸しない．

$$1 \text{ mol/L 塩酸} 1 \text{ mL} = 53.00 \text{ mg } Na_2CO_3 \tag{13.11}$$

この標定の記載の中でファクターの計算時に考慮するものは，次の 3 点である．

① 炭酸ナトリウムの秤取量（約 0.8 g）
② 容量分析用標準液（1 mol/L 塩酸）の消費量
③ 一定量の容量分析用標準液が，反応物質に対応するミリグラム数（1 mol/L 塩酸 1 mL = 53.00 mg Na_2CO_3）

実際のファクターの計算に先立ち，ここでは ③ に示した「対応ミリグラム数」の意味を考えてみよう．一般式「$aA + bB \longrightarrow cC$（生成物）」の反応では，A と B が a モル：b モルの割合で反応することになるので，A の 1 mol は B の b/a mol と反応することになる．

上記の例では，塩酸と炭酸ナトリウムの反応が「$2HCl + Na_2CO_3 \longrightarrow 2NaCl + 2CO_2 + 2H_2O$」であるので，HCl の 1 mol は Na_2CO_3 の 1/2 mol（= 0.5 mol）と反応する．

このような前提を踏まえて，式 (13.11) を見直すと，この等式の左辺「1 mol/L 塩酸 1 mL」に含まれる HCl の物質量（モル数）は以下のとおりである．

$$塩酸 1 (\text{mol/L}) \times 1 (\text{mL}) = 1 (\text{mmol}) HCl$$

また，等式の右辺「53.00 mg Na_2CO_3」は，1 mol/L 塩酸 1 mL と反応する Na_2CO_3 のミリグラム数を表しており，その物質量（モル数）は以下のとおりである（Na_2CO_3 の分子量：105.99）．

$$53.00 (\text{mg}) \div 105.99 (\text{g/mol}) = 0.5 (\text{mmol}) Na_2CO_3$$

このような関係に基づいて，式 (13.11) は反応する両者を「1 mol/L 塩酸 1 mL = 53.00 mg Na_2CO_3」の形で表現しているのである．この対応ミリグラム数を利用して，以下のファクター計算を行ってみよう．

例題 9 上述の日本薬局方記載の容量分析用標準液 1 mol/L 塩酸の標定法に従って，炭酸ナトリウム 1.1000 g を量り，調製した 1 mol/L 塩酸で滴定したところ，20.40 mL を要した．この 1 mol/L 塩酸のファクターはいくらか．

解答 1 この 1 mol/L 塩酸のファクターが 1.000 であれば，予想される標準液の消費量は，秤量した炭酸ナトリウム量（1100.0 mg）を対応ミリグラム数で割った値であり，

$$1100.0 \div 53.00 = 20.75 (\text{mL})$$

第13章　容量分析法の計算をマスターする

となる．しかし，実際は 20.40 mL しか消費されなかったということは，この塩酸の濃度が（表示濃度の）1 mol/L よりも 20.75/20.40 倍高かったことを意味する．したがって，この 20.75/20.40（= 1.017）がこの塩酸のファクターである．

この計算の過程を1つの式にまとめると次のとおりである．

$$f = \frac{m}{VE} \tag{13.12}$$

この式では，m：標準物質の量った重さ（mg），V：調製した標準液の消費量（mL），E：対応ミリグラム数（mg）であり，各数値を当てはめると，

$$f = \frac{1100.0}{20.40 \times 53.00} = 1.017$$

となる．

解答2　この例題は，対応ミリグラム数を使わずにファクターを計算することも可能である．前出の例題6と同じように考えればよい．すなわち，

この酸塩基滴定の化学反応式は，

$$\underset{\text{塩酸}}{\underline{2\text{HCl}}} + \underset{\text{炭酸ナトリウム}}{\underline{\text{Na}_2\text{CO}_3}} \longrightarrow 2\text{NaCl} + \text{CO}_2 + \text{H}_2\text{O}$$

であり，HCl と Na_2CO_3 は2：1のモル比で反応する．塩酸標準液の消費量 20.40 mL 中の HCl のモル数と，ビーカー内で滴定された炭酸ナトリウムのモル数の比が2：1であるので，

$$1 \times f \times \frac{20.40}{1000} : \frac{1.1000}{105.989} = 2 : 1$$

の比例が成立し，この式を解くことで $f = 1.017$ が得られる．

⑥ 定量目的成分の含量を計算する

定量計算は，一般的には以下の手順で行う．
① まず，滴定で反応したコニカルビーカー中の物質量を計算する．このとき，コニカルビーカー中へ入れた定量目的物質が量り取った量の一部分である場合は，滴定前の（試料液の）希釈度合いを考慮して計算する．
② 滴定で消費された標準液中の物質量を計算する．滴定の際に指示薬誤差が生じる場合や，滴定前処理が滴定量に影響を与える場合は，「空試験」を行って標準液の消費量を補正する．
③ 化学反応のモル比を考慮した関係式を立てて，定量目的物質の量（g 数）を計算する．
④ 試料中における目的成分の濃度や含量を指示された単位で表現する．
　以下，例題を用いて具体的に解説する．

例題 10　液体試料中の含量（w/v%）算出/酸塩基滴定

日本薬局方アンモニア水 5 mL を正確に量り，（コニカルビーカーへ入れ，）水 25 mL を加えてから，0.5 mol/L 硫酸（$f=1.000$）で滴定したところ，終点までに 30.00 mL を要した（指示薬：メチルレッド試液）．このアンモニア水中に含まれているアンモニア（NH_3，分子量：17）の含量（w/v%）はいくらか．

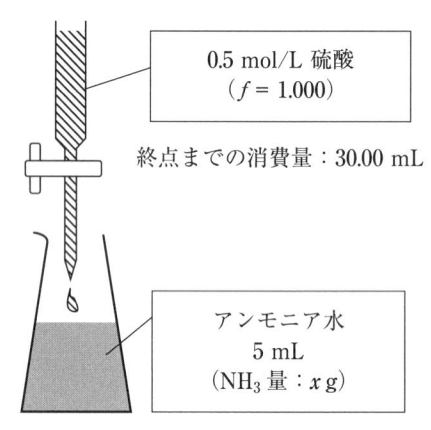

図 13.12　例題 10 の定量の模式図

解答　この滴定の化学反応式は，

$$\underset{\text{硫酸}}{H_2SO_4} + \underset{\text{アンモニア}}{2NH_3} \longrightarrow (NH_4)_2SO_4$$

（または，$H_2SO_4 + 2NH_4OH \longrightarrow (NH_4)_2SO_4 + 2H_2O$）

であり，標準液中の H_2SO_4 とビーカー中の NH_3 は 1:2 のモル比で反応する．したがって，ビーカー中の NH_3 量を x g とすれば，硫酸標準液の消費量 30.00 mL 中の H_2SO_4 のモル数と，滴定された NH_3 のモル数の比が 1:2 であるので，

$$0.5 \times 1.000 \times \frac{30.00}{1000} : \frac{x}{17} = 1 : 2$$

の比例が成立し，この式を解くと $x = 0.51$（g）である．すなわち，（ビーカーに入れた）アンモニア水 5 mL 中のアンモニア量が 0.51 g であるので，このアンモニア水中のアンモニア含量（w/v%）は

$$0.51 \times \frac{100}{5} = 10.2 \,(\text{g}/100\,\text{mL} = \text{w/v\%})$$

となる．

例題 11　液体試料中の含量（w/v%）算出/酸化還元滴定

日本薬局方オキシドール 1.0 mL を正確に量り，水 10 mL および希硫酸 10 mL を入れたコニカルビーカーへ加え，0.02 mol/L 過マンガン酸カリウム液（$f=1.000$）で滴定したところ，終点までに 17.65 mL を要した．このオキシドール中に含まれている過酸化水素（H_2O_2，分子量：34）の含量（w/v%）はいくらか．

第 13 章　容量分析法の計算をマスターする

0.02 mol/L
過マンガン酸カリウム液
（$f = 1.000$）

終点までの消費量：17.65 mL

オキシドール
1.0 mL
（H$_2$O$_2$ 量：x g）

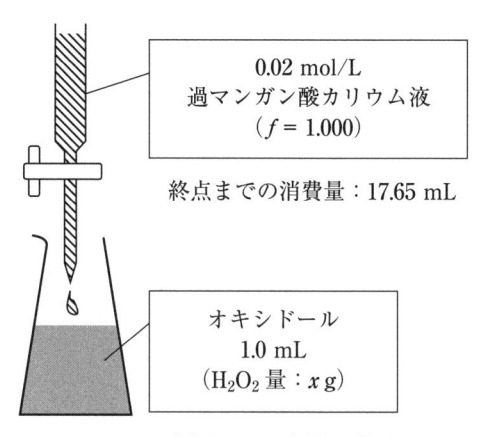

図 13.13　例題 11 の定量の模式図

解答　この滴定の化学反応式は，

$$\underset{\text{過マンガン酸カリウム}}{2\text{KMnO}_4} + \underset{\text{過酸化水素}}{5\text{H}_2\text{O}_2} + 3\text{H}_2\text{SO}_4 \longrightarrow$$

$$\text{K}_2\text{SO}_4 + 2\text{MnSO}_4 + 8\text{H}_2\text{O} + 5\text{O}_2$$

であり，標準液中の KMnO$_4$ とビーカー中の H$_2$O$_2$ は 2：5 のモル比で反応する．反応の係数は複雑だが，モル比をきちんと捉えればよい．すなわち，ビーカー中の H$_2$O$_2$ 量を x g とすれば，過マンガン酸カリウム標準液 17.65 mL 中の KMnO$_4$ のモル数と，滴定された H$_2$O$_2$ のモル数の比が 2：5 であるので，

$$0.02 \times 1.000 \times \frac{17.65}{1000} : \frac{x}{34} = 2 : 5$$

の比例が成立し，この式を解くと $x = 0.030$（g）である．すなわち，（ビーカーに入れた）オキシドール 1 mL 中の H$_2$O$_2$ 量が 0.030 g であるので，このオキシドール中の過酸化水素含量（w/v%）は

$$0.030 \times \frac{100}{1} = 3.0\,(\text{g}/100\,\text{mL} = \text{w/v}\%)$$

となる．

例題 12　固体試料の純度（%）算出／キレート滴定

日本薬局方酸化亜鉛（ZnO，分子量：81.39）を 850℃で 1 時間強熱し，その 0.8135 g を正確に量り，水 2 mL および塩酸 3 mL を加えて溶かし，水を加えて正確に 100 mL とする．この液 10 mL を正確に量り，水 80 mL を加え，水酸化ナトリウム溶液（1→50）をわずかに沈殿を生じるまで加え，次に pH 10.7 のアンモニア・塩化アンモニウム緩衝液 5 mL を加えた後，0.05 mol/L エチレンジアミン四酢酸二水素二ナトリウム（EDTA・2Na）液（$f = 1.000$）で滴定したところ，終点までに 19.50 mL を要した（指示薬：エリオクロムブラック T（EBT））．本品中の酸化亜鉛の純度（%）はいくらか．

```
                    0.05 mol/L EDTA・2Na 液
                         (f = 1.000)

                    終点までの消費量：19.50 mL

               (10 mL 分をコニカルビーカーへ移す)

                    x × (10/100) g
                        ZnO
                    （モル質量：81.39 g/mol）
                                            0.8135 g 酸化亜鉛/100 mL
                                                (ZnO：x g)
```

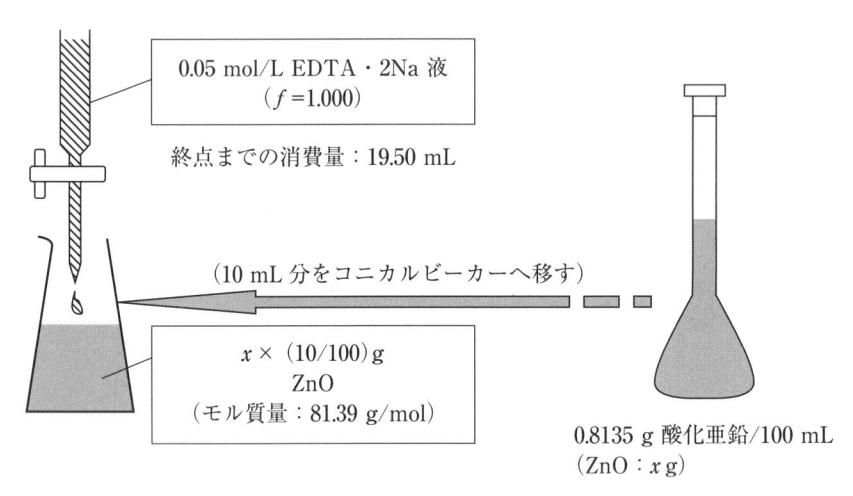

図 13.14　例題 12 の定量の模式図

解答　長い問題文であるが，定量計算に必要な記述は下線部分である．この滴定はキレート生成反応を利用している．EDTA・2Na を一般式 Na_2YH_2 で表すとき，その化学反応式は，

$$\underset{\text{EDTA・2Na}}{Na_2YH_2} + \underset{\text{酸化亜鉛}}{ZnO} \longrightarrow [ZnY]^{2-} + 2Na^+ + H_2O$$

であり，標準液中の EDTA・2Na とビーカー中の ZnO は 1：1 のモル比で反応する．注意すべき点は，0.8135 g 量り取って試料溶液としたうちの 10/100 量しか滴定されていないということである．このことを踏まえて，秤量した酸化亜鉛 0.8135 g 中の（純粋な）ZnO 量を x g とすれば，（滴定に要した）標準液 19.50 mL 中の EDTA・2Na のモル数と，滴定された ZnO のモル数の比が 1：1 であるので，

$$0.05 \times 1.000 \times \frac{19.50}{1000} : \frac{x \times \frac{10}{100}}{81.39} = 1 : 1$$

の比例が成立し，この式を解くと $x = 0.7936$（g）である．すなわち，試料（0.8135 g）中の ZnO の純度（%）は

$$\frac{0.7936}{0.8135} \times 100 = 97.6 (\%)$$

となる．

例題 13　固体試料の対応量と純度（%）算出/酸塩基滴定

次の記述は，日本薬局方安息香酸の定量法に関するものである．これについて各問に答えよ．

「本品を乾燥し，その約 0.5 g を精密に量り，中和エタノール 25 mL 及び水 25 mL を加えて溶かし，0.1 mol/L 水酸化ナトリウム液で滴定する（指示薬：フェノールフタレイン試液 3 滴）．

0.1 mol/L 水酸化ナトリウム液 1 mL = ☐ mg C₇H₅O₂」

1 ☐ に入れるべき最も適当な数値はいくらか．ただし，安息香酸の分子量を 122.12 とする．

2 安息香酸 0.4870 g を量り，上記の滴定法に従って，0.1 mol/L 水酸化ナトリウム液（f = 0.998）で滴定したところ，39.80 mL を要した．この安息香酸の純度（％）はいくらか．

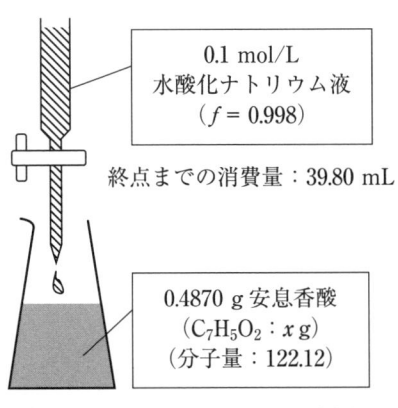

図 13.15 例題 13 の定量の模式図

解答 1 は，対応ミリグラム数を計算させる問題である．安息香酸（C₇H₅O₂）はカルボキシ基をもつので C₆H₅COOH と表せば，この滴定の化学反応式は

NaOH + C₆H₅COOH ⟶ C₆H₅COONa + H₂O
水酸化ナトリウム　安息香酸

であり，標準液中の NaOH と安息香酸 C₆H₅COOH は 1：1 のモル比で反応する．

「0.1 mol/L 水酸化ナトリウム液　1 mL」は 0.1 mmol の NaOH であるから，（これと対応する）0.1 mmol/L の安息香酸の質量を求めると，

$$0.1 \,(\text{mmol}) \times 122.12 \,(\text{g/mol}) = 12.212 \text{ mg 安息香酸}$$

すなわち

0.1 mol/L 水酸化ナトリウム液 1 mL = $\boxed{12.212}$ mg C₇H₅O₂

となる．

2 の計算では，標準液中の NaOH とビーカー中の C₇H₅O₂ は 1：1 のモル比で反応するので，秤量した安息香酸 0.4870 g 中の（純粋な）C₇H₅O₂ 量を x g とすれば，

$$0.1 \times 0.998 \times \frac{39.80}{1000} : \frac{x}{122.12} = 1 : 1$$

の比例が成立し，この式を解くと x = 0.4851（g）が得られる．
すなわち安息香酸の純度は

$$\frac{0.4851}{0.4870} \times 100 = 99.61 \,(\%)$$

となる．

日本語索引

ア

アボガドロ数　4
アレニウスの定義　67
アレニウスプロット　61
安息香酸　154
アンペア　12
アンモニア　71
アンモニア-塩化アンモニウム
　　緩衝液　112
アンモニア水　152

イ

イオン強度　65
インスリン単位　15
EDTA・2Na液　148

エ

液体試薬　52
塩
　pH　101
塩化カリウム　48
塩基解離定数　89
塩酸　146
塩水溶液　123
SI 基本単位　12
SI 接頭語　11, 13
　　単位の変換　16
SI 単位　11

オ

オキシドール　152
重さ　18

カ

解離定数　68
解離度　68
化学反応式　7
化学平衡　63
掛け算　57
活量　65
活量係数　65
過マンガン酸カリウム液　152
緩衝液　107
　　生化学分野　115
間接法　143
カンデラ　12

キ

希釈　41
気体の体積　18
強塩基　95
　　強酸　119
　　弱酸　125
強塩基水溶液　123, 130
強酸
　　強塩基　119
　　弱塩基　131
強酸-弱塩基の塩　103

強酸水溶液　121, 135
共役な酸塩基対　68
キログラム　12

ク

空試験　148
グルコース　6, 22
クーロン　12

ケ

ゲージ　17
ケルビン　12
原子　4
原子量　4
元素　4

コ

固体試薬　51

サ

酢酸-酢酸ナトリウム緩衝液
　　108
錯体生成反応　72
錯体平衡　69
酸塩基滴定曲線　119
酸塩基平衡　67
酸化亜鉛　153
酸解離定数　68, 89
酸化還元電位　80

酸化還元平衡　80

シ

次亜塩素酸ナトリウム
　　希釈　47
自己解離　86, 93, 95, 96
指数　58
指数法則　55
自然対数　61
実効濃度　65
質量　12
質量一兆分率　32
質量均衡則　96
質量作用の法則　63, 86, 90
質量十億分率　23, 32
質量対容量百分率　23
質量対容量百分率濃度　27, 28
　　溶液の希釈　45
質量百分率　23
質量百分率濃度　27
　　溶液の希釈　44
質量百万分率　23, 32
弱塩基　98
　　強酸　131
弱塩基-強酸の塩水溶液　134
弱塩基水溶液　132
弱酸　97
　　強塩基　125
弱酸-強塩基の塩　101, 128
弱酸水溶液　125
周期表　5
終点　139
ジュール　12
条件生成定数　72
常用対数　59, 60
真数　58

ス

水素イオン濃度　85

セ

全生成定数　71

タ

対数　58
体積百分率　23
体積百万分率　23
足し算　56
単位
　　変換　16
炭酸-炭酸水素塩　116

チ

チオ硫酸ナトリウム液　147
逐次生成定数　71
直接法　143
沈殿平衡　74

テ

底　58
定量計算　151
滴定曲線　119
テトラアンミン銅イオン　71
デバイ-ヒュッケルの極限式
　　66, 67
デバイ-ヒュッケルの式　65
電荷均衡則　96
電離度　87, 88, 89

ト

銅イオン　71
当量点　120, 123, 128, 133, 139

ナ

長さ　12

ニ

日本薬局方
　　単位　13, 14
　　容量分析用標準液の標定の記
　　　載　149
ニュートン　12

ネ

ネイピア定数　61
ネルンストの式　81

ノ

濃度　21

ハ

パスカル　12

ヒ

比重　24
百分率濃度　27
秒　12
標準酸化還元電位　80
標準試薬　142

日本語索引

標定 142
pH
　塩 101
　強塩基 89
　弱塩基 98
　弱酸 97
　両性物質 105
pH 緩衝液 126, 127, 132
pH 算出の近似式 106
pH 飛躍 129

フ

ファクター 142
不均化 105
不均化反応 105
副反応 71
副反応係数 78
物質量 12, 18
ブドウ糖 6, 22
ブレンステッド-ローリーの定
　義 67
フレンチ 17
分子の数 18
分子量 5

ヘ

平衡定数 63, 65
ヘルツ 12
Henderson-Hasselbalch の式
　109, 111, 113, 117

ホ

補正用モル塩化カリウム液 49
ボルト 12

ミ

水のイオン積 68, 87, 96
水の自己解離 88
水の電離 86, 93, 95, 96
密度 24
ミリモル毎リットル 23

メ

メック 17
メートル 12

モ

モル 8, 12
モル濃度 23, 24, 33
　溶液の希釈 41
モル毎リットル 23
モル溶解度 75

ヨ

溶液
　希釈 41
　混合 46
　調製 51
　濃度の単位 23
溶液濃度
　単位の変換 33
溶解度積 74
容量分析法 137
　実験手順 139
容量分析用標準液
　ファクター 144
容量分析用標準物質 142

リ

力価 16
両性物質 105

ル

ルイスの定義 67
ルシャトリエの原理 107

ワ

ワット 12
割り算 56

外国語索引

A

acidic dissociation constant 68
activity 65

B

blank test 148

C

chemical equilibrium 63
conditional formation constant 72

E

end point 139
equilibrium constant 63

F

equivalence point 139

F

factor 142

I

ionic strength 65

L

law of mass action 63

M

mol 8, 12

P

pH 61, 76

P

ppb 32
ppm 32
ppt 32

R

reference materials for volumetric analysis 142

S

solubility product 74
standardization 142

V

volumetric analysis 137

W

w/v% 36